环保进行时丛书

发展经济注重环保

FAZHAN JINGJI ZHUZHONG HUANBAO

主编：张海君

花山文艺出版社

河北·石家庄

图书在版编目（CIP）数据

发展经济注重环保 / 张海君主编. —石家庄 ： 花
山文艺出版社，2013.4（2022.3重印）
　　（环保进行时丛书）
　　ISBN 978-7-5511-0948-2

　　Ⅰ.①发… Ⅱ.①张… Ⅲ. ①环境保护－青年读物②
环境保护－少年读物 Ⅳ.①X-49

　　中国版本图书馆CIP数据核字(2013)第081082号

丛 书 名：环保进行时丛书
书　　名：发展经济注重环保
主　　编：张海君

责任编辑：梁东方
封面设计：慧敏书装
美术编辑：胡彤亮
出版发行：花山文艺出版社（邮政编码：050061）
　　　　　　（河北省石家庄市友谊北大街 330号）

销售热线：0311-88643221
传　　真：0311-88643234
印　　刷：北京一鑫印务有限责任公司
经　　销：新华书店
开　　本：880×1230　1/16
印　　张：10
字　　数：160千字
版　　次：2013年5月第1版
　　　　　　2022年3月第2次印刷
书　　号：ISBN 978-7-5511-0948-2
定　　价：38.00元

目　录

第一章　低碳经济，时代在召唤

一、循环经济的提出 ……………………………… 003

二、地球需要可持续 ……………………………… 006

三、世界经济面临生态瓶颈 ……………………… 008

四、什么是低碳经济 ……………………………… 012

五、低碳经济的基本特点 ………………………… 018

六、低碳经济是未来经济的发展方向 …………… 022

第二章　低碳经济召唤低碳能源

一、崭新的绿色引擎 ……………………………… 029

二、核能 …………………………………………… 031

目

录

发
展
经
济
注
重
环
保

三、天然气 ·· 035

四、清洁煤炭 ······································· 037

五、太阳能 ·· 039

六、风能 ··· 042

七、生物质能 ······································· 045

八、氢能 ··· 046

九、海洋能 ·· 048

十、地热能 ·· 049

十一、水能 ·· 051

十二、化石能源的去碳化技术 ················ 056

第三章　全世界共同向低碳经济转型

一、英国的低碳经济模式 ······················ 065

二、法国的绿色行业 ···························· 070

三、德国的低碳经济战略方向 ················ 072

四、意大利政府的措施 ························· 078

五、美国的绿色新政计划 ······················ 081

六、日本低碳社会行动计划 …………………… 083

七、澳大利亚低碳经济措施 …………………… 086

八、拉美的生物燃料计划 ……………………… 089

九、非洲清洁发展机制项目起步 ……………… 092

第四章　低碳经济，中国的选择

一、低碳经济在中国 …………………………… 097

二、中国发展低碳经济的必要性与紧迫性 …… 100

三、中国向低碳经济的转型 …………………… 103

四、中国低碳技术创新发展的重点领域 ……… 107

五、中国低碳能源发展的战略重点 …………… 112

六、中国推动低碳能源的新举措 ……………… 120

七、中国低碳经济的发展战略 ………………… 126

第五章　低碳经济：民众掌控未来

一、"奢靡"的高碳消费 ……………………… 131

二、低碳消费新时尚 …………………………… 134

三、"恒温"消费 ……………………………… 136

目

录

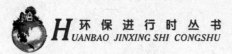

四、经济消费 …………………………………… 141

五、安全消费 …………………………………… 144

六、绿色包装 …………………………………… 148

七、循环回收利用 ……………………………… 151

发 展 经 济 注 重 环 保

第一章

低碳经济，时代在召唤

一、循环经济的提出

循环经济是一种以资源的高效利用和循环利用为核心，以"减量化、再利用、资源化"为原则，以"低消耗、低排放、高效率"为基本特征，符合可持续发展理念的经济增长模式，是对"大量生产、大量消费、大量废弃"的传统增长模式的根本变革。

循环经济是把清洁生产和废弃物的综合利用融为一体的经济，它要求运用生态学的规律来指导人类的经济活动。按照自然生态系统物质循环和能量流动规律重构经济系统，使得经济系统和谐地纳入自然生态系统的物质循环过程中，建立起一种新形态的经济。循环经济要求把经济活动组织成为"自然资源—产品和用品—再生资源"的反馈式流程，所有的原料和能源都能在这个不断进行的经济循环中得到最合理的利用，从而使经济活动对自然环境的影响降低到尽可能小的程度。"资源—产品—再生资源"的循环双行道流动过程构成了循环经济的模式。

循环经济是按生态经济原理和知识经济规律组织起来的，基于生态系统承载能力，具有高效的经济过程及整体、协同、循环、自生功能的网络型、进化型经济。它通过纵向、横向和区域耦合，将生产、流通、消费、回收、环境保护及能力建设融为一体，使物质、能量能多级利用、高效产出，自然资产和生态服务功能正向积累、持续利用，使污染负效益变为经济正效益。循环经济发展的多样性与优势度、开放度与自主度、力度与柔度、速度与稳度达到有机的结合，促进传统资源掠夺和环境耗竭型产品经济向新兴的循环经济转型，需要促进复合生态理论基础上的时空重组。现行的循环经济主要以人类生态、复合生态和产业生态原理为其理论支撑。

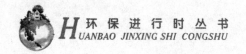
发
展
经
济
注
重
环
保

　　循环经济本质上是一种生态保护型经济，它要求运用生态学规律来指导人类社会的经济活动。同传统的经济比较，其不同之处在于：传统经济是一种由"资源—产品—污染排放"单向流动的线性经济，其特性是"高开采、低利用、高排放"。在传统经济中，人们高强度地把地球上的物质和能源提取出来，然后又把污染物和废物大量地排放到水、空气和土壤中，对资源的利用是粗放的和一次性的，通过把资源持续不断地变成废物来实现经济的数量型增长。循环经济则与传统经济不同，循环经济主张一种与环境和谐的经济发展模式。它要求经济行为构成一个"资源—产品—再生资源"的反馈式流动过程。所有的物质和能源要能在这个不断进行的经济循环中得到合理和长久的利用，从而把经济活动对自然环境的影响降低到尽可能小的程度。循环经济为工业化以来的传统经济转向可持续发展的经济提供了相对平衡的战略性理论模式，进一步从根本上解决长期以来的环境与发展之间的矛盾。

　　有专家认为，一个可持续发展的循环经济体系要具备五大特征：第一，生产和消费要尽可能地从使用污染环境的能源转移到使用可再生利用的绿色能源上来；第二，要尽可能地减少原材料的消耗并选用能够回收再利用的材料；第三，要抵制为倾销商品而进行的过分包装，在简化包装的同时，使用可以回收再利用的包装材料和容器；第四，要在减少各类工业废弃物的同时，对其进行尽可能彻底地回收再利用；第五，要培育消费后产品资源化的回收再利用产业，使得对生活废弃物填埋和焚烧处理量降低到最少。

　　发展循环型经济是21世纪人类发展的趋势。它要求以环境友好的方式来利用自然资源和环境容量，实现经济活动的生态化转向（"绿化"的发展方向）。从20世纪90年代提出可持续发展战略以来，德国、日本、美国等一些发达国家已把发展循环型经济、建立循环型社会看作是实施可持续发展战略的重要途径和实现形式，并且一些科学家也从不同角度加快了研究进程。循环经济作为一种新的经济发展模式，更多地考虑了人类活动和自然环境的相互影响，哲学作为一门研究人类生产与发展普遍规律的学科，必然与循环经济存在着紧密的联系。

首先，循环经济的哲学基础最基本的含义是指循环经济所遵循的一般的知识论原则。为此，一是要把握循环经济活动的基本的经验事实，在此基础上抽象出一般的知识原则；二是要研究基本的生态科学知识，把握生态科学所揭示的一般生态规律，用它指导循环经济的运作，并进一步把二者结合起来，从而确立循环经济所遵循的一般规律，更好地指导现实的循环经济实践。

其次，循环经济的哲学基础的另一个基本含义是揭示循环经济的存在论基础，也就是揭示循环经济作为人的一种现实的生产实践活动。与传统的工业经济相比，更本质地体现了人与自然、人与人之间的和谐关系和生存方式。

循环经济本质上是一种生态经济，与传统的工业经济相比，它除了遵循物质运动的因果规律以外，还要遵循生态规律。而生态学所揭示的生态系统的规律性的知识，经过理性思维的进一步抽象概括，可以作为循环经济的一般知识论基础。

循环经济不仅仅是一种功能性的生产模式，而且是一种蕴涵着生态存在论的崭新的思维方式、世界观和价值观。循环经济除了遵循线性的因果规律外，它遵循的主要是生态的整体有机规律和对生态整体规律的把握，不是简单基于主客二分的抽象理性分析推理，而是主体间"异质同构"的结构类推、结构感应、整体直观的存在论的论证方式。循环经济作为一种人与自然共在、人与人共在的存在方式，它所体现的人与自然的关系、人与人的关系，人与自然的关系是一种存在论意义上一体共在的和谐关系。

二、地球需要可持续

发
展
经
济
注
重
环
保

　　需求与自然资源的困境今天被人们用生态足迹的概念形象直观地呈现了出来。

　　生态足迹也被称为生态占用，是1992年由加拿大大不列颠哥伦比亚大学规划与资源生态学教授威廉·里斯提出的一个概念。它显示在现有技术条件下，指定的人口单位需要多少具备生物生产力的土地和水域等自然资源来生产所需资源和吸纳所衍生的废弃物。

　　生态足迹提供了一个核算地区、国家和全球自然资本利用的简明框架，通过量化的土地面积来折算人们不断发展的生产、生活需求。比如，一个人的粮食消费量可以转换为生产这些粮食所需要的耕地面积，其碳排放总量可以转换成吸收二氧化碳所需的森林、草地或农田的面积。因此，生态足迹可以形象地理解成：一只负载着人类及其创造的城市、工厂、铁路、农田的巨脚踏在地球上时留下的脚印大小。通过这个脚印的大小，我们可以评估人类对生态系统的影响，小到一个人和一个城市，大到

图2.3：生态足迹总量排名居前的国家（2003年）　　图2.4：生物承载力总量排名居前的国家（2003年）

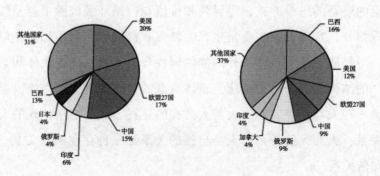

全球生态足迹

一个国家，概莫能外。

地球以自身的生物生产力面积来制造资源的能力被称为生物承载力，当人类每年的生态足迹小于地球生物承载力时，人类活动造成的资源消耗可以被及时恢复，而当生态足迹大于地球生物承载力时，人类对资源的消耗就超过了极限，不能可持续发展。地球的生物承载力就是人类生存空间的最大尺度，我们无法突破这个尺度。

世界自然基金会的研究表明，就世界整体而言，1980年生态足迹已超过了地球生产能力。2001年的地球生态足迹为113亿全球公顷，约为地球表面积的1/4，即每人1.8全球公顷，超出地球生物承载力约20%。1992—2002年，世界上高收入的27个国家人均生态足迹增加了8%，但中低收入国家却减少了8%。

联合国开发计划署认为，一个国家的人类发展指数超过0.8就是高人文发展水平；人均生态足迹低于全球人均可用生物承载力1.8，意味着这个国家的生活方式可以在全世界范围内持续复制。从现在的人类社会发展速度要求的生物承载力和人均GDP变化来看，生态足迹的快速增加是显而易见的，这种生态承载力严重超载的现象将使得地球的生态系统日趋失衡，社会发展不可持续。

为了让各国对自己的生态足迹有清楚的认识，世界自然基金会和联合国环境规划署在《2004年地球生态报告》中列出了一份"大脚黑名单"。阿联酋以其高水平的物质生活和近乎疯狂的石油开采"荣登榜首"，其人均生态足迹达9.9公顷，是全球平均水平的4.5倍；美国、科威特紧随其后，以人均生态足迹9.5公顷位居第二；贫困的阿富汗则以人均0.3公顷生态足迹位居最后。资源稀缺的日本人均生态足迹为4.3公顷，是世界人均值的2.4倍，远远超过日本土地、水源所具备的生产能力，只好依赖进口别国资源。而在那些生态足迹小于生态承载力的"生态盈余榜"上，位居榜首的是生态足迹小国巴西，它提供了高达37%的生物承载力；加拿大、

印度尼西亚等国由于国土面积辽阔、人口相对稀少同样位居前列。

　　人类最近100年的消耗超过以前全部人类历史消耗的资源的总和。生命地球指数显示，仅在过去的35年里，人类就丧失了近1/3的地球生态资源。然而，由于人口增长和个人消费的不断增加，需求还在持续扩大，我们的全球生态足迹已经超出地球承载力的30%。2003年，仅美国、欧盟和中国三个经济体就占到世界全部生态足迹近一半，而其生物承载力只有全球的30%，属于生态赤字国家。

　　在《2006地球生命报告》中，时任世界自然基金会总干事詹姆斯·利比指出：人类的消费方式和需求已经远远超出了地球的可承受力。这是一种不可持续的消费型方式，我们不能再继续这样的消耗了。西方人正在以难以持续的极端水平消耗自然资源，北美人均资源消耗水平不仅是亚洲人或非洲人的7倍，甚至是欧洲人的2倍。到2050年，如果都像美国人那样生活需要5个地球，都像日本人那样生活则要准备24个地球。即使以目前世界平均增速来算，也必须有2个地球的自然资源量才能满足人类每年的需求。

　　不过，我们只有一个地球，永远都只有一个。

三、世界经济面临生态瓶颈

　　在最近20年来蓬勃增长的经济大潮中，有一个独一无二的组合："中美国"。这是哈佛大学经济史教授尼尔·弗格森提出来的一个概念，在2007年3月5日《洛杉矶时报》上一篇名为《买下中美国》的文章中，弗格森宣称，美国和中国不是两个国家，而是同属于一个叫"中美国"的国家，它们之间是一种共生关系：一个储蓄一个消费，一个出口一个进口，

发展经济注重环保

一个提供产品一个提供服务，一个储备外汇一个印制美元。他说："这是极好的联姻。"当然，这也是一种高碳的联姻。在前所未有的环境压力面前，这两个国家原有的增长模式都已经难以为继了。

在罗马俱乐部，从长远来看，世界经济的"模范生"美国其实是最大的"问题儿童"。按照美国这种极度消耗资源的模式实现的经济增长是不可以持续的，《增长的极限》给出的模型表明，如果发展中国家都复制美国的增长道路，那么绝大多数资源将最迟在22世纪初就会被消耗一空。

在突如其来的金融海啸面前，美国人一直引以为傲的高碳生活方式已经走进了死胡同。美国国土辽阔，是个坐在汽车轮子上的国家，人均汽车保有量居于世界前列，同时美国人酷爱大块头、大排量的汽车，这使美国的石油消

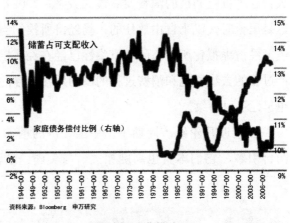

资料来源：Bloomberg 申万研究

美国资源消费模式

耗一直居高不下。中产阶级的美国人典型的居所往往是一套大公寓或独栋房子。美国人的饮食结构以肉奶蛋为主，他们的衣服和日常用品折旧很快，很多东西离使用寿命还很远就被快速淘汰了。美国人均拥有的电脑和其他消费电子产品也都位居前列。这些商品从遥远的境外工厂生产出来，到运送到美国消费者手中，再到最终被扔进垃圾箱，整个过程中所消耗的资源和能源都是一个天文数字。

长期以来，美国都是一个消费主导型的国家，储蓄率非常低。美国消费者是世界上最庞大的消费力量，这种购买力其实早已超过了美国人实际拥有的财富水平。放大这个购买力的工具，就是金融市场提供的各种信

贷杠杆。在美国，从房子到汽车，从水电费到电话账单，信用消费无处不在。买房者很少会全款买房，通常都是通过贷款来买房的。消费成为美国经济的最大动力之一，花明天的钱圆今天的梦，成为世界各国十分羡慕和竭力推崇的消费模式。以至于那些收入并不稳定甚至根本没有收入的人，在房价上涨期间也能稳稳当当通过银行贷款购房。

美国依靠美元的特殊地位，独享铸币税收益，向外过度举债发展，向内过度贷款消费，房地产市场的财富效应所催生的消费泡沫毕竟难以持久，这种寅吃卯粮的消费发展模式最终在2008年走到了尽头。表面看来，这是里根时代以来自由放任的市场经济所挨的当头一棒，究其实质，则是美国经济虚拟化所带来的高寄生性已经在经济层面无法维持。美国这种生产过程的去物质化和消费过程的高物质化并存的增长模式，从环境角度看也早已不可持续。

在最近几轮经济周期中，中国经济的推动力主要来自投资和出口这两台引擎，它们本身也高度相关。与美国、欧洲和日本等发达经济体生

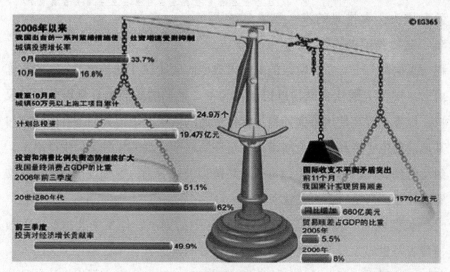

中国经济增长模式

产过程的"去物质化"进程同步的，是中国这个世界工厂的快速崛起以及与此相关的重化工化。世界市场的主要商品生产活动向中国的转移，给中国带来了走出贫困的重要推动力，也直接推高了中国的资源和能源消耗。与此相适应的，则是快速城市化以及由此带来的基础设施建设投资热潮。

工业文明赋予了人类前所未有的巨大能力，上天、入地、登月、下海均无所不能，地球上几乎已经没有人类无法到达的地区，只要我们愿意。农耕时代的人们只能在几公里的范围内安排自己的日常生活，巨大的自然环境对他们而言意味着永恒；而今天，我们的生活足迹已经可以扩展到全国甚至全球范围，在征服了地理限制的同时也让自己从此远离了永恒，因为我们实际上把属于后世若干代人的资源都提前预支了。从地球资源消耗的代际分布角度看，我们已经把人类时代大大缩短了。

我们的生产和生活所带来的副产品不但改变了地区土壤和水的成分，还显著改变了地球大气的构成，由此改变了亿万年来太阳能在大气圈、水

变幻莫测的气候

圈、地圈和生物圈中的均衡分布。这是一种无比巨大的能量，而它的反作用力也同样巨大，今天已经开始通过融化的冰川、上涨的海水和变幻莫测的气候显现出来了。如果说美国人过度的消费透支引爆了全球经济危机，那么在人类过度的资源透支之后，等待我们的又会是什么，其实已经不难想见。在震怒之日到来之前，我们必须尽快转换航道，避开大自然即将对我们展开的环境清算。

低碳革命的大幕拉开了。

 四、什么是低碳经济

自从1992年的《联合国气候变化框架公约》和1997年的《京都议定书》开始，人们开始系统谈论低碳经济，2003年英国在能源白皮书《我们的能源未来：创建低碳经济》中率先在政府文件中提出"低碳经济"概念。

低碳经济是以低能耗、低排放、低污染为特征的社会经济模式，是以减少温室气体排放为目标构建的一个以低能耗、低污染为基础的经济发展体系。低碳经济的核心内涵是在市场机制基础上，通过政策创新及制度设计，提高节约能源技术、可再生能源技术和温室气体减排技术，建立低碳的能源系统和产业结构，它包括生产的低碳化、流通的低碳化、分配的低碳化和消费的低碳化四个体系。

生产的低碳化

生产的低碳化包括两个方面，一是物质资料生产的低碳化；二是人口生产的低碳化。物质资料生产的低碳化就是要在物质资料的生产过程中注重科学的统筹规划，避免盲目地扩大再生产和资源浪费；注重新科技的运

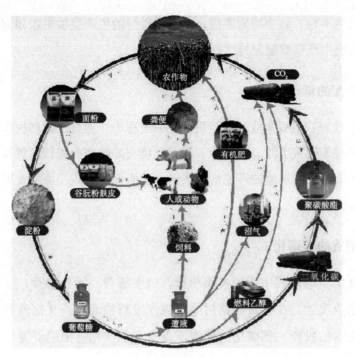

農作物

CO₂

面粉

糞便

有机肥

谷朊粉麸皮

人或动物

聚碳酸酯

淀粉

饲料

沼气

二氧化碳

燃料乙醇

葡萄糖

蓎液

发展循环经济

用，提高产品的附加值；注重废旧资源的循环再利用，发展循环经济。科技创新是推动经济发展的不竭动力，而人才是这不竭动力的智力保障。人口生产的低碳化就是控制人口发展的数量，提高人口的质量，使人口的再生产与整个社会的经济发展水平和环境承载力相适应。

流通的低碳化

要使生产要素和生产的产品能够自由流通，就要实现资源的优化配置。这一方面要实现流通硬件设施的低碳化，发展现代物流业，建设节能、环保、高效的立体交通体系，水陆空和地下轨道交通综合平衡利用；另一方面要实现流通软件设施的低碳化，发展现代金融服务业，构建数字

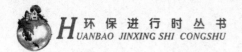
物流信息平台，转变政府职能，为经济转型的生产提供组织和制度上的保障，实现生产要素配置的高效化。

分配的低碳化

指政府在对要素收入进行再分配的过程中，**通过法律和税收以及财政转移支付等政策手段，对资源节约和环境友好的产业进行倾斜和优惠，而对高污染和低附加值的产业给予限制，从而促进低碳经济的发展**，实现产业的低碳化。

消费的低碳化

在消费的过程中形成文明消费、适度消费、**绿色消费**，反对铺张浪费的消费观念；在消费的结构上更加注重精神消费、文化消费，提高对人力资本的投资。低碳化的消费不仅有利于节约**有限的资源**，而且可以减少废弃物的排放，是一举两得。

提倡文明消费

"低碳"，英文为low carbon，意指较低的温室气体排放。"低碳经济"英文为Low-Carbon Economy或者Low Fossil-Fuel Economy，其字面的意思是指最大限度地减少煤炭和石油等高碳能源消耗的经济，也就是以低能耗低污染为基础的经济。

在全球变暖的大背景下，低碳经济受到越来越多国家的关注。但作为具有广泛社会性的前沿经济理念，现有的有关低碳经济的定义和解释并不一致。一种观点认为，低碳经济是指温室气体排放量尽可能低的经济发展方式，尤其是二氧化碳这一主要温室气体的排放量要有效控制。推行低碳经济是避免气候发生灾难性变化、保持人类可持续发展的有效方法之一。这种观点可称之为"方法论"。另一种观点认为，在发展经济学的理论框架下，低碳经济是经济发展的碳排放量、生态环境代价及社会经济成本最低的经济，是低碳发展、低碳产业、低碳技术、低碳生活等一类经济形态的总称，也是一种能够改善地球生态系统自我调节能力的可持续发展的新经济形态。这种观点可称之为"形态论"。第三种观点认为，低碳经济是以低能耗、低污染、低排放为基础的经济模式，是人类社会继农业文明、工业文明之后的又一次重大进步。低碳经济实质上是对现代经济运行的深刻反思，是一场涉及生产模式、生活方式、价值观念和国家权益的全球性能源经济革命。这种观点可称之为"革命论"。

综合以上观点，低碳经济的基本含义可以概括为通过技术和制度创新，从根本上改变人类对化石能源的依赖，减少以二氧化碳为表征的温室气体排放，走以低能耗、低排放、低污染为特征的可持续发展道路。低碳经济是指在可持续发展理念指导下，通过技术创新、制度创新、产业转型、新能源开发等多种手段，尽可能地减少煤炭石油等高碳能源消

拒绝高碳能源消耗

发展经济注重环保

耗，减少温室气体排放，达到经济社会发展与生态环境保护双赢的一种经济发展形态。

低碳经济提出的大背景是全球气候变暖对人类生存和发展的严峻挑战。随着全球人口和经济规模的不断增长，能源使用带来的环境问题及其诱因不断地为人们所认识，不止是烟雾、光化学烟雾和酸雨等的危害，大气中二氧化碳浓度升高带来的全球气候变化业已被确认是不争的事实。

低碳经济的先声可以追溯到1992年150多个国家制定的《联合国气候变化框架公约》。这是世界上第一个为全面控制二氧化碳等温室气体排放，应对全球气候变暖给人类经济和社会带来不利影响的国际公约。低碳经济的理论体系则是美国著名学者莱斯特•R.布朗首先提出来的。1999年布朗在《生态经济革命——拯救地球和经济的五大步骤》中指出，面对地球温室化的威胁，应当尽快从以化石燃料为核心的经济转变成为以太阳、氢能源为核心的经济；2003年在《B模式——拯救地球延续文明》中，他又明确提出地球气温的加快上升，要求将"碳排放减少一半"，加速向可再生能源和氢能经济的转变。这些思想奠定了低碳经济的基本理论。

低碳经济概念最早见诸政府文件的，则是在2003年的英国能源白皮书《我们能源的未来：创建低碳经济》，2007年7月美国参议院提出了《低碳经济法案》，2007年12月联合国气候变化大会制定了世人关注的应对气候变化的"巴厘岛路线图"，2008年7月G8峰会上八国表示将寻求与《联合国气候变化框架公约》的其他签约方一道共同达成到2050年把全球温室气体排放减少50%的长期目标。

在中国，2006年科技部、中国气象局、发改委、国家环保总局等六部委联合发布了我国第一部《气候变化国家评估报告》；2007年6月我国正式发布了《中国应对气候变化国家方案》；2007年9月，胡锦涛主席在APEC会议上提出了"发展低碳经济，研发低碳能源技术，促进碳吸收技术发展"的战略主张；2008年6月，胡锦涛总书记在中央政治局集体学习时强调，必须以对中华民族和全人类长远发展高度负责的精神，充分认识应对气候变化的重要性和紧迫性，坚定不移地走可持续发展道路，采取更加有力的政策措施，全面加强应对气候变化能力的建设，为我国和全球可持续发展事业进行不懈努力。2008年，胡锦涛主席又在G8峰会、日本"暖春之旅"及国内会议等多种重要场合提倡和肯定了"应对气候变化，发展低碳经济"的主张。

低碳经济的实质是能源高效利用、清洁能源开发、追求绿色GDP的问题，核心是能源技术和减排技术创新、产业结构和制度创新以及人类生存发展观念的根本性转变。

低碳经济涉及的行业和领域十分广泛，几乎涵盖了所有的产业领域，主要包括低碳产品、低碳技术、低碳能源的开发利用。在技术上，低碳经济则涉及电力、交通、建筑、冶金、化工、石化等多个行业以及在可再生能源及新能源、煤的清洁高效利用、油气资源和煤层气的勘探开发、二氧化碳捕获与埋存等领域开发的有效控制温室气体排放的新技术。有人称之为是"第五次全球产业浪潮"，并首次把低碳内涵延展为：低碳社会、低碳经济、低碳生产、低碳消费、低碳生活、低碳城市、低碳社区、低碳家庭、低碳旅游、低碳文化、低碳哲学、低碳艺术、低碳音乐、低碳人生、低碳生存主义。低碳经济因此被誉为人类社会继原始文明、农业文明、工业文明之后的又一新的文明，即生态文明。

五、低碳经济的基本特点

低碳经济已成为国际社会研究全球变暖应对之策的热门词汇。低碳的最基本的含义是指较低的温室气体排放，因此，为维持生物圈的碳平衡，抑制全球气候变暖，需要降低生态系统碳循环中的人为碳通量，通过减排二氧化碳，减少碳源，增加碳汇，改善生态系统的自我调节能力。低碳经济有三个基本特点：

1. 低能耗

低碳经济是相对于高碳经济，即相对于基于无约束的碳密集能源生产方式和能源消费方式的高碳经济而言的。低碳经济是目前最可行的可量化的可持续发展模式。温室气体长期减排和经济社会可持续发展，关

碳封存技术

键在于发展清洁、低碳能源技术，建立低碳经济增长模式和低碳社会消费模式，并将其作为协调经济发展和保护全球气候的根本途径。因此，发展低碳经济的关键在于降低单位能源消费量的碳排放量，通过碳捕捉、碳封存、碳蓄积，降低能源消费的碳强度，控制二氧化碳排放量的增长速度。

2.低排放

低碳经济是相对于新能源而言的，是相对于基于化石能源的经济发展模式而言的。未来能源发展的方向是清洁、高效、多元、可持续，因此，发展低碳经济的关键在于促进经济增长与由能源消费引发的碳排放"脱钩"，实现经济与碳排放错位增长，通过能源替代、发展低碳能源和无碳能源控制经济体的碳排放弹性，并最终实现经济增长的碳脱钩。

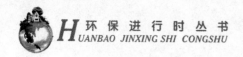
3.低污染

低碳经济是相对于人为碳通量而言的，是一种为解决人为碳通量增加引发的地球生态圈碳失衡而实施的人类自救行为。全球应对气候变化正在引发能源领域的技术创新。低碳能源是低碳经济的基本保证，清洁生产是低碳经济的关键环节。因此，发展低碳经济的关键在于改变人们的高碳消费倾向和碳偏好，减少化石能源的消费量，减少碳足迹，实现低碳生存。低碳经济本质上属于碳中性经济，它要求经济活动低碳化。低碳经济中"低"的要义在于降低经济发展对生态系统碳循环的影响，维持生物圈的碳平衡，其根本目标是促进经济发展的碳中性，即经济发展中人为排放的二氧化碳与通过人为措施吸收的二氧化碳实现动态均衡。由于低碳经济系统的特征尺度是全球，经济发展的碳中性是全球碳中性。

低碳经济与生态经济、绿色经济、循环经济、低碳社会等概念既有联系，又有区别。

2008提高能源效率会议

发展经济注重环保

1.低碳经济与生态经济

生态经济主要从生态学角度探讨经济系统与生态系统有机结合；低碳经济追求的是降低碳排放量，清洁能源与提高能源效率。

2.低碳经济与绿色经济

绿色经济是以维护人类生存环境为目标，以合理使用能源与资源为手段的一种平衡式经济形式，它所依赖的是绿色技术革命，其侧重点是关爱生命，兼顾物质与精神需求。低碳经济是从可持续发展的角度对能源和资源的开发利用提出新的要求和思路。

3.低碳经济与循环经济

循环经济是物质闭环流动型经济，又称为"垃圾经济"；而低碳经济相对于高碳经济，更接近于"绿色经济"。低碳经济与循环经济有不同的侧重点：循环经济侧重于整个社会的物质循环，它强调在经济活动中实现资源节约和环境保护；低碳经济侧重于碳生产率，强调降低碳排放量和温室气体。

4.低碳经济与低碳社会

低碳经济与低碳社会的区别与各个国家碳排放结构差异有关。中国碳排放的70%来自于产业经济部门，而居民碳排放仅占30%；发达国家碳排放比率正好相反，70%来自于居民消费部门，而产业经济部门碳排放总量只占30%。所以，原则上讲，中国发展低碳经济的着力点应当放在产业经济部门，使产业经济低碳化；发达国家发展低碳经济的着力点应当放在削减居民生活消费中的碳排放，使社会生活低碳化。

六、低碳经济是未来经济的发展方向

低碳经济为世界经济发展提供了新的机遇与挑战，成为世界经济发展的方向。低碳经济会从以下方面对世界经济产生重大影响。

1.发展低碳经济已经成为世界各国的重要战略选择

目前世界主要国家正积极发展低碳经济，并以此为新的经济增长动力，已将其作为未来引领世界经济发展的新的突破口，提出了明确的战略和发展目标，并从政策框架和立法方面予以推动和保障。英国2003年确定实施低碳经济战略，2008年又正式通过《气候变化法案》，同时还公布了详细的《英国低碳转换计划》。日本2007年正式提出建设低碳社会战略，

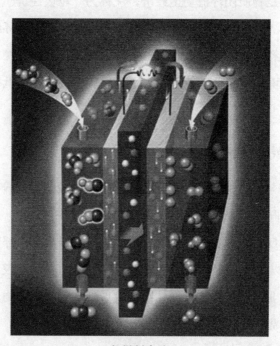

氢燃料电池

发展经济注重环保

制定了《低碳社会行动计划》和《21世纪环境立国战略》等。美国则希望通过推动低碳经济，谋求国家战略转型，2007年美国参议院提出《低碳经济法案》，奥巴马政府上台后不久也推出绿色经济战略和新能源战略，并制订了关于**氢燃料、发电、生物能源**等的发展计划。

2.低碳经济成为世界产业结构调整的重要动力

从产业结构看，低碳农业将降低对化石能源的依赖，走有机、生态和高效的新路，**低碳工业**将减少对能源的消耗；高碳产业如以化石能源为原料的工业，**高耗能**的有色金属冶炼等产业的发展将相应地受到抑制；新兴的可再生能源产业、低耗能产业及能源节约产业等将得到更大发展。从社会生活看，**低碳城市**建设将更受重视，燃气普及率、城市绿化率和废弃物处理率将得到提高；在家居与建筑方面，节能家电、保温住宅和住宅区能源管理系统的研发将受重视，并向公众提供碳排放信息；在交通运输方面，将更加注重发展公共交通、轻轨交通，提高公交出行比率，严格规定私人汽车碳排放标准；而企业减排的社会责任也将受到更多关注。

3.低碳经济将推动世界竞争新规则的产生

低碳经济将产生世界未来经济发展的新规则。如果说《联合国宪章》是以土地为主要资源的农业文明的游戏规则，世界贸易组织以及《关贸总协定》是利用市场规则的工业文明的游戏规则，那么《联合国气候变化框架公约》可能会成为未来以低碳经济为主的生态文明游戏规则，引领世界经济的未来发展。而任何一种新规则的确立，背后都是各个国家经济利益的博弈。《联合国气候变化框架公约》最核心的问题是瓜分世界越来越少的化石能源资源的方式方法问题，实质上是规制利用化石能源的权利的原则和法律，但要成为世界共同尊重并遵守的法律还需要旷日持久的谈判。

第一章 低碳经济，时代在召唤

低碳产业的发展将催生新的技术标准和贸易壁垒。随着低碳经济的发展，必将导致以低碳为代表的新技术、新标准及相关专利的出现，最先开发并掌握相关技术的国家将成为新的领先者、主导者乃至垄断者，其他国家将面临新的技术贸易壁垒。美国《清洁能源安全法案》中的"特别关税条款"规定，自2020年起，

征收碳税

将对未达到排放标准国家的产品征收特别关税。还有一些发达国家提出统一碳价，采取碳标签、征收碳关税等形式，构筑贸易壁垒，对进口产品进行限制。

4. 低碳经济将导致国际经济格局出现新变化

人类每一次能源利用的转型都引起整个世界格局的重大变动。低碳经济将为世界经济发展和能源利用带来新的机遇，人类将面临又一次重大的能源利用转型，整个世界经济和政治格局将再次出现重大变动。发达国家早已完成工业化，碳排放量呈下降趋势，在节能减排技术上拥有绝对领先优势，在根据全球气候谈判确定的世界新体系中必将进一步强化其主导地位。从长远来看，碳交易市场及碳金融市场的不断扩大，为发达国家增加

了一个主导世界格局的新平台。而发展中国家巨大的经济发展要求、大规模的基础设施建设以及对发达国家高碳产业的承接，使得发展中国家的碳排放量正处于上升趋势中，或将在新的世界分工格局和碳交易市场体系中处于不利地位。

5.碳交易将推动国际金融业的发展和创新

碳交易的产生源于1997年达成的《京都议定书》中的清洁发展机制。在CDM机制下，受到二氧化碳减排额度约束的发达国家，可以通过技术转让或资金投入的方式，与发展中国家的节能减排项目进行合作，从而获得该项目所降低的二氧化碳排放量，即实施碳交易。目前，碳交易正逐渐催生一个新兴的、规模快速扩张的碳金融交易市场，包括直接投/融资、碳指标交易和银行贷款等。同时，围绕碳交易提供金融服务和不断开发金融

碳金融交易

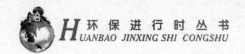
衍生产品已成为金融创新的一个新趋势，包括为碳交易提供中介服务及直接参与开发与碳排放权相关的金融产品和服务，并通过贷款、投资、慈善投入创造新产品及新服务等。而借助于碳交易和碳金融交易，风险投资基金也已开始开展节能减排的投融资业务。

发展经济注重环保

第二章

低碳经济召唤低碳能源

一、崭新的绿色引擎

1.新的能源基础

伫立于又一个文明飞跃的历史转折点之上，人类社会将迎来翻天覆地的革命，新涌现出来的生产体系要求整个能源结构加速向清洁高效的方向转换。碳基能源时代已临近尾声，新时代的能源基础正在逐渐形成。人类走上一条"从低碳到高碳，最终回归低碳，走向碳循环和无碳"的能源发展道路。

能源低碳化就是要发展对环境、气候影响较小的低碳替代能源。这是一个全新的能源基础，它将具有大大不同于工业时期的特点。原来污染性的、一次性的原料，将转向清洁可再生的能源物质；原来高密度、高热值的碳基燃料，将变为取材广泛、形式多样的低碳和无碳资源；原来高度密集型的能源生产模式，将转向集中与分散相结合的模式；原来有悖于自然、危害环境的能源开发，将在基于生态文明的和谐能源理念下不复存在。

能源体系在经历一场革命，可再生能源技术、新型发电技术、碳捕获与封存技术、节能技术等各种低碳技术之下，包括太阳能、风能、生物质能、核能、地热能、海洋能、

高度密集型产业

水能和氢能等清洁和可再生能源陆续被开发出来。随着低碳技术的进一步发展，这类新能源的占比将不断提高，甚至会出现在21世纪还想象不出来的其他能源，共同取代碳基能源。

新的技术、新的能源、新的模式，我们第一次看到一个原理几乎与近三百年来旧有原理完全对立的能源基础的轮廓。而这种颠覆性的"对立"，代表的是文明的飞跃。百年之后回首，我们在惊叹碳基能源野蛮的同时，将更加坚信低碳能源的力量以及人类和自然的未来会更美好。

2.抢占新能源先机

各国都在争夺能源的先机，积极寻找新的途径，以迎接扑面而来的第四次浪潮。面临不可阻挡的大趋势，即使是石油输出国组织也准备卷起帐篷悄悄转移。据国际能源署不完全统计，已有50多个国家和地区制定了激励可再生能源发展的政策。

奥巴马政府上台执政以来，抛出"新能源计划和气候政策"，计划用3年时间使美国新能源产量增加一倍，到2012年，将新能源发电占总能源发电的比例提高到10%，2025年这一比例将增至25%。

日本经济产业省制定最新计划，到2030年，风力、太阳能、水力、生物质能和地热等的发电量将占日本总用电量的20%。计划将太阳能发电量增加20倍，新型环保汽车使用量增加40%。

德国通过了温室气体减排新法案，使风能、太阳能等可再生能源的利用比例从现在的14%增加到2020年的20%。

欧洲议会于2008年12月17日批准了欧盟能源气候一揽子计划，以保证欧盟到2020年把新能源和可再生能源在能源总体消耗中的比例提高到20%。

澳大利亚2008年12月17日公布了可再生能源立法草案，要求到2020年该国可再生能源占总能源的比例升至20%。

韩国将在2030年前投资1030亿美元用于开发可再生能源，把化石能源比例从目前的83%减少到61%，把可再生能源比例从目前的2.4%提高到11%。

中国强调发展具备自身特色的新能源经济，加强新能源的技术研发，大力增加对新能源产业的投资，创新体制，促进新能源的发展，实现由能源大国向能源强国的跨越。

丹麦是生态村理念的首创国，也是能源问题解决得最好的国家之一。1973年第一次石油危机后，丹麦大力调整能源结构，依靠科技进步，提高能源效率，积极开发和大力推广新能源，探索出了一条"高效、清洁、可持续"发展的道路。

风能的利用

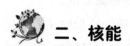 二、核能

小小原子核，巨大能量源。在科幻电影里，核能频繁地出现在未来的科技、军事应用之中，它的能量让每个人惊叹不已。而过不了多久，科幻或许就将成为现实，核能可能会出现在社会应用的各个领域，便利人类的生活。

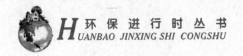

(1)两种核能

核能是人类历史上的一项伟大的发明，它的出现开拓了能源利用的全新领域。从19世纪末发现电子到对放射性元素的探索，从爱因斯坦的质能转换公式到一系列原子核实验，再到1945年美国芝加哥大学成功启动第一座核反应堆，核能的发展经历了漫长的探索、发现和研究。

核能分为两种，一种叫核裂变能，一种叫核聚变能。核裂变能是通过一些重原子核裂变释放出能量，例如，一个铀-235原子核在中子的作用下裂变生成两个较轻的原子核，在这个过程中

外来中子
铀·235
极不稳定的铀235
裂变
辐射
中子

链式裂变反应

核裂变反应

释放出的能量就是核裂变能。核聚变能是由两个氢原子核结合在一起释放出的能量，例如，氢的同位素氘和氚的原子核结合在一起生成氦，在这个过程中释放的能量就是核聚变能。

20世纪中期到21世纪初，核聚变主要应用在军事领域，其在能源方面的利用为"受控核聚变"或"受控热核反应"，即通过有控制地缓慢地释放核聚变能达到大规模地和平利用，但由于技术难度大未实现工业化应用。相比之下，核裂变技术更加成熟可控，因此达到了工业应用规模。人类根据核裂变原理，利用反应堆产生的核能作为动力，代替燃烧化石燃料产生的能量，去发电、供热来推动船舰等，其中核电是核能对人类经济的主要贡献。

发展经济注重环保

(2)核能发电

核电是由核能转化为水和水蒸气的内能，然后转化为发电机转子的机械能，最终产生电能。核电站是利用核能发电的新型发电站，其设计的关键是反应堆，链式裂变反应就在其中进行。

核电是一种清洁高效的能源，相对于火电而言，其发电成本普遍低于燃煤、燃油发电成本，而且具有显著的清洁特性。一座百万千瓦的火电站需要260万吨煤，而核电站只需要30吨的铀原料就可以。核电站一年产生的二氧化碳是同等规模燃煤电站排放量的1.6%，核电站不排放二氧化硫、氮氧化物和烟尘。未来核电占能源结构的比例将不断增加，核电必然成为新能源的重要组成部分。

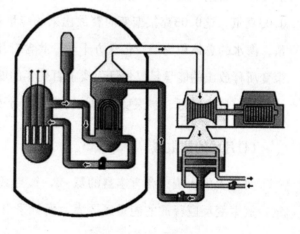

核裂变能发电示意图

未来发展核电的关键是核燃料。核裂变的主要原料是铀，铀是高能量的核燃料，然而陆地上铀的储藏量并不丰富，且分布极不均匀。因此，发展核能必然要向别的领域进军，开发核资源。

(3)海洋的核资源

在巨大的海洋水体中，含有丰富的铀矿资源。据估计，海水中溶解的铀的数量可达45亿吨，相当于陆地总储量的几千倍。如果能将海水中的铀全部提取出来，所含的裂变能可保证人类几万年的能源需要。人们已经试

验了很多种海水提铀的办法，如吸附法、共沉法、气泡分离法以及藻类生物浓缩法等。这些技术的成熟将使海洋成为人类开发核能最重要的铀资源库。

除了铀资源，海洋中还储藏着大量的氘、氚等轻元素资源，它们的原子核可以在一定的条件下互相碰撞聚合成较重的原子核——氦核，同时释放巨大的核能。一个碳原子完全燃烧生成二氧化碳时，只放出4电子伏特的能量，而氘—氚反应时能放出1780万电子伏特的能量。每升海水中含有0.03克氘，这0.03克氘聚变时释放出来的能量相当于300升汽油燃烧的能量。海水的总体积为13.7亿立方千米，共含有几亿亿千克的氘。这些氘的聚变所释放出的能量足以保证人类上百亿年的能源消耗。而且氘的提取方法简便，成本较低，核聚变堆的运行也是十分安全的。

（4）月球的核宝藏

月球上的土壤中含有丰富的氦-3，氘与氦-3聚变反应释放的能量比氘、氚聚变反应释放的能量还要大，而且采用氦-3的聚变来发电，会更加安全。

在20世纪60年代末和70年代初，美国阿波罗飞船登月时，六次带回368.194千克的月球岩石和尘埃。科学家将月球尘埃加热到3000华氏度时，发现了氦及一些其他物质。经进一步分析鉴定，月球上存在大量的氦-3，如果供人类作为替代能源使用，足以使用上千年甚至上万年。而地球上的氦-3总量仅有10～15吨，可谓奇缺。

在月球开采氦-3宝藏将成为未来一个阶段人类太空勘探项目的主要目标。俄罗斯能源太空公司Energia公司总裁尼克雷　塞瓦斯蒂亚诺夫称："我们计划2015年前在月球建立永久基地。对稀有同位素氦-3的工业化开采将于2020年在月球开始。"美国目前仍是唯一有宇航员在月球上行走过的国家，美国国家宇航局也将氦-3的存在视为开展月球开发的绝好理由。中国和日本也有意在月球建立基地，两国和美国一样，可能选择在21世纪20年代开始进行月球勘探。

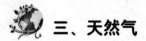

三、天然气

在转向低碳能源的过程中，天然气也将发挥重要的作用。天然气是蕴藏在地层中的可燃气体，它是埋藏在地下的生物有机体经过漫长的地质年代和复杂的转化过程生成的。天然气的主要成分是甲烷、乙烷、丙烷、丁烷和硫化氢、氮等气体。与其他化石燃料相比，天然气燃烧时仅排放少量的二氧化碳粉尘和极微量的一氧化碳、碳氢化合物、氮氧化物，是一种清洁的能源。

天然气每单位能源所产生的二氧化碳是煤的一半，但因为天然气可以更有效地使用，因此同煤相比，天然气可以减少75%的二氧化碳排放。在今后几十年通向低碳能源的道路上将要使用更多的天然气，因为在可承受的可再生能源一时难以获得的时候，必须提供一种碳密集型程度较低的过渡燃料。天然气资源不像石油那样已经被严重开采，今后几十年可能大幅度增加天然气的生产。

(1) 天然气应用

天然气主要用于发电，以天然气为燃料的燃气轮机电厂的废物排放水平大大低于燃煤与燃油电厂，而且发电效率高，建设成本低，建设速度快。随着高碳能源的逐步淘汰，低碳清洁的天然气将被广泛地使用，除了

发电还将用于民用及商业燃气灶具、热水器、汽车燃料、采暖及制冷，或用于化工原料、造纸、冶金、采石、陶瓷、玻璃等行业，还可用于废料焚烧及干燥脱水处理。

燃气灶具

未来，用天然气替代液化石油气来实现城市燃料洁净化，天然气高效联供城市建筑、交通用能，天然气调峰发电等的节能减排效果，自不待言。此外，天然气还可以与环保产业相结合。从垃圾填埋场、牲畜饲养场和污水处理厂收集甲烷生物气体以补充天然气。要不然，这些气体就会排入大气中造成污染。在德国，环保处理产生的甲烷生物气体已经加入到改进过的天然气管道中。

(2)可燃冰

可燃冰，学名天然气水合物，它是在一定条件下由水和天然气组成的类冰的、非化学计量的、笼形结晶化合物，其遇火即可燃烧。形成天然气水合物的主要气体为甲烷，甲烷分子含量超过99%的天然气水合物通常称为甲烷水合物。天然气水合物分解释放的天然气主要是甲烷，它比常规天然气含有更少的杂质，燃烧后几乎不产生环境污染物质，因而是理想的洁净能源。

天然气水合物广泛分布在大陆、岛屿的斜坡地带、活动和被动大陆边缘的隆起处、极地大陆架以及海洋和一些内陆湖的深水环境中。世界上天然气水合物中碳总量可能是地球上其他化石燃料中碳总量的两倍。天然气水合物中温室气体甲烷的总量可能是现在大气中甲烷总量的3000倍。由于其分布广泛、资源量巨大、埋藏浅、规模大、能量密度高、洁净等特点，天然气水合物被认为是地球上尚未开发的最大未知能源库，很可能成为人类新的能源物资来源。然而，天然气水合物也是一种碳基能源，如何中和开发大量甲烷将对环境产生的负面影响，预防地质和气候灾害，是启用这一庞大能源库的前提条件。

🌿 四、清洁煤炭

当低碳成为全球能源行业的前进方向，以往所谓"最不清洁"的煤炭也必须放下身段，寻求清洁利用的途径。清洁煤炭技术是未来的发展趋势，已经引起了世界各国的高度重视。煤炭清洁转化较多以煤气化为基础，以实现二氧化碳零排放为目标，将高碳能源转化为低碳能源的新型煤化工技术。

当前在世界范围内比较成熟的煤资源清洁转化技术有六种，并且这

煤制甲醇工程

些技术大都实现了产业化生产。这六种技术分别为：煤气化技术，煤液化技术，煤制甲醇、二甲醚、烯烃等技术，煤制合成天然气技术，煤制氢技术，二氧化碳捕获与储存技术。在这些技术中，煤制油、煤制甲醇、二甲醚、烯烃、煤发电、煤制气、合成代用天然气等在近期来看显得更具成本"亲和力"和可操作性。从更长远的角度来看，碳捕捉与储存技术以及整体气化联合循环发电技术，将是清洁煤炭碳减排技术真正的突破方向。

(1)二氧化碳变石头

对于大多数人来说，CCS是个陌生的名词，但如果说一项名为碳捕获与储存的技术能够让二氧化碳变成石头，从而拯救越来越热的地球，也许你我就不会觉得它们"与我无关"了。

让二氧化碳变成石头是对CCS奇妙作用的一个比喻。未来，碳捕获与储存技术将在燃煤、燃气发电站以及其他碳排放密集产业各个领域中大显神通。它的原理很简单，就是将大型发电厂、钢铁厂、化工厂等排放大户排出的二氧化碳收集起来，并用各种方法储存以避免其排放到大气中去。这项技术要求在产生大量二氧化碳排放的地方，将二氧化碳隔离、压缩，然后抽到地下干枯的油气井和合适的地质层中，利用岩层封闭起来。

CCS碳捕获与储存技术是清洁煤炭技术中的"重头戏"。根据联合国政府间气候变化委员会的调查，CCS技术的应用能够将全球二氧化碳的排放量减少20%至40%。人们对CCS技术充满热情，政治家们也不失时机地拥护这些观念：奥巴马在美国大选期间谈到了CCS技术；英国前首相戈登·布朗说，"如果我们要抓住机会达成全球气候目标的话"，那么CCS技术不可或缺；富国俱乐部八国集团的领导人希望这一技术在2020年前能够普及。

(2)洁净煤行动

美国能源部早在2002年就开始实施有关计划以解决现存能源系统的环境污染问题，开发具有二氧化碳处理功能的电力和清洁燃料联产、污染物近零排放的能源系统。2003年美国还宣布了未来发电示范项目，建立世界上首个污染近零排放，化工、电力和氢联合生产的大型试验基地，中国也参与了此项目计划。下一阶段，美国的目标就是要降低碳排量，达到零排放。奥巴马政府提出，要建立新的燃煤电厂，开发新的燃煤技术，创造就业机会和低成本能源，从而推动经济发展，改善人们的生活。

此外，欧洲、日本、加拿大、澳大利亚等发达国家和地区分别提出了各自的洁净煤技术路线图。这些技术无一例外地采用了以煤气化为基础，以煤制油、煤制氢或煤制化学品与燃气、蒸汽联合循环发电为主线的多联产体系，辅助CCS，实现二氧化碳的零排放。

煤制氢工程

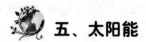 **五、太阳能**

人类利用太阳能已有3000多年的历史，其中将太阳能作为一种能源和动力加以利用，只有300多年的历史。20世纪70年代以来，人类对太阳

能的重视提升到了前所未有的程度，太阳能被称为"常规能源的最佳替代品"、"未来能源结构的基础"。

(1)金色的能源

太阳能就如同太阳的光芒一样永恒而洁净。它资源丰富，每年到达地球表面的太阳辐射的能量为50亿千焦耳，相当于目前全世界能量消费的1.3万倍，其总量属现今世界上可以开发的最大能源。根据目前太阳产生的核能速率估算，氢的贮藏量足够维持600亿年，而地球的寿命约为50亿年，从这个意义上讲，可以说太阳能是用之不竭的金色能源。

太阳能具有许多优点，是真正意义上的清洁能源。它能源丰富，无须

运输，分布相对均匀，高效而且永不衰竭，同时还不产生或排放废弃物。对人类而言，太阳能是最理想的能源。它所具有的绝对清洁优势及它的永不衰竭正是人类梦寐以求的。

太阳能

如果你担心利用太阳能会改变地球的热能平衡，那大可不必。因为人类对太阳能的转换和消耗是太阳辐射能转换为热能的一个固有的自然过程，热能又耗散在地球周围的空间。太阳能转换过程在人类所研究的太阳能开发利用方法中是"生态清洁的"。

(2)太阳能发电之路

人类对太阳能的利用主要有太阳能集热、太阳能暖房、太阳能发电、

太阳能光化利用等方式，而其中又以太阳能发电发展最为迅速、前景广阔。太阳能发电最为普遍的形式是太阳能电池。随着技术的不断发展，国际上已经从晶体硅、薄膜太阳能电池开发进入了有机分子电池、生物分子筛选乃至于合成生物学与光合作用生物技术开发的生物能源的太阳能技术新领域。

然而即使太阳能电池成为主流的时候，人们还是应当把注意力集中到大规模使用太阳能的途径上来，通过大型集聚太阳能发电厂使用太阳热能。未来，这些发电厂主要建在沙漠里，它们提供批发电力，跟今天的城市一样，并通过高压电网将电力传输到城市和企业。另一种方案是到太空去收集太阳能，把它传输到地球，使之变为电力，以解决人类面临的能源危机。

(3)太阳能社会

太阳能完全可能会成为未来社会的第一主要能源。可以展望，在不久的将来，我们将生活在一个大规模使用太阳能的社会中，未来的社会将是太阳能的社会。

在这个太阳能社会里，你会看到一座又一座被太阳能接收板所包围、覆盖的建筑。所有的房屋都经过合理规划并符合新的建筑节能技术的要求，以实现太阳能的最大限度利用。或许到以后你连太阳能接

太阳能住宅

收板都看不到，因为它们很可能就是砖瓦的表层，或者是一块草地、一片树林，甚至还有远在撒哈拉沙漠和地球外太空的大型太阳发电站为我们提供源源不断的能量。在太阳能社会里，家用电器基本上都是直接或间接地依靠太阳能来运行，太阳能热水器、太阳能空调、太阳能汽车等都会是最普及的太阳能产品。在这里人类将建造一个可以存储太阳能的装备系统，以便人们可以在晴天储存不能用完的能量，供雨天使用；在夏天将多余的能量通过存储器储存起来，在冬天来临之时同样可以享受太阳能带来的快乐。

太阳能社会拥有充足的能源，但节约也要成为这个社会的主流。虽然太阳能能量很大，但太阳每一天辐射到地球上的总能量是有限的，它同样也禁不起人类的挥霍。节约是每一个地球子民必须做到的，只有节约才是长久之计。

六、风能

每一天，我们都在感受风的拂动，它运动不息，吹动不止。因为风，我们眺望白云的游逸；因为风，我们感受绿草的摇曳；因为风，我们倾听树叶的婆娑；同样因为风，我们未来的世界风光无限！风能，这一可再生、无污染而且储量巨大的能源，将给人类提供源源不断的能量。据估算，全世界的风能总量约1300亿千瓦。随着全球气候变暖和能源危机，各国都在加紧对风力的开发和利用，尽量减少二氧化碳等温室气体的排放，保护我们赖以生存的地球。

未来，无论是在广阔的草原，还是在巍峨的山岭，我们都会看到一座座能抗风暴袭击而稳定运行的风力发电站。每当大风来临，收集机就会自动调转方向，迎接风的犀利，不管风力有多大，来势有多猛，它一概取之，转成电能储存起来，为人们提供电力。

(1)蓝天白煤

风能被誉为"蓝天白煤"，它的利用主要是以风能作动力和风力发电两种形式。以风能作动力，就是利用风来直接带动各种机械装置，如利用风帆、风车抽水、磨面等。这种风力发动机的优点是投资少、工效高、经济耐用。目前，世界上有100多万台风力提水机在运转。澳大利亚的许多牧场都设有这种风力提水机。在很多风力资源丰富的国家，科学家们还利用风力发动机铡草、磨面和加工饲料等。

风力磨面

随着风电技术的成熟，风能发电不断受到追捧。风力发电的原理，是利用风力带动风车叶片旋转，再通过增速机将旋转的速度提升来促使发电机发电。最早使用风力发电的是丹麦。风力发电现今在丹麦使用也很普遍。丹麦虽只有500多万人口，却是世界风能发电大国和发电风轮生产大国，世界十大风轮生产厂家有五家在丹麦，世界60%以上的风轮制造厂都在使用丹麦的技术，丹麦是名副其实的"风车大国"。

风力发电还逐渐走进居民住宅。在英国，迎风缓缓转动叶片的微型风能电机正在成为一种新景观。家庭安装微型风能发电设备，不但可以为生活提供电力，节约开支，还有利于环境保护。堪称世界"最环保住宅"的建筑，就是由英国著名环保组织"地球之友"的发起人马蒂·威廉历时五

年建造成的，其住宅的迎风院墙前就矗立着一个扇状涡轮发电机，随着叶片的转动，不时将风能转化为电能。

(2)高空风电场

陆地的风能利用仅限于几十米至百米的低空，其一大缺点就是不恒定可靠。而在几千米至一万米的高空，不仅风速更大，且风力稳定，一年中不刮风的时间不足5%。因此高空风能要比地面风能多出数百倍，高空风电场也是未来风电发展的方向。

早在20世纪70年代爆发能源危机时，各类高空风电的设计就不断涌现。发达国家对高空风电的研究从未停止。美国、荷兰、意大利等国都多次进行过高空风能发电的试验。高空风电主要有两种构架方式。第一种是在空中建造发电站，然后通过电缆输送到地面；第二种类似放风筝，通过拉伸产生机械能，再由发电机转换为电能。根据计算，这些高空风电的建设成本和发电成本远低于化石燃料和常规低空风能。因此也被业内称之为"一场能源革命"。

高空风电场

(3)海上风车园

随着风力发电的发展，陆地上的风机总数已经趋于饱和，而海上有丰富的风能资源和广阔平坦的区域，使得海上风力发电成为未来发展的新趋势。在世界各地的海域之滨，高大的海洋风电机组将陆续矗立而起。

丹麦哥本哈根的米德尔格伦登海上风车园位于距哥本哈根市中心几千米的海面上，风机通过海底电缆与3.5千米以外的Amager电厂的变压器相连。这些海上"风扇"不惧台风、不惧腐蚀，屹立在几十米深的海水中，

发展经济注重环保

脚深深扎入海底以下30米以上。

　　早在1993年，哥本哈根一群具有远见卓识的人就产生了建设Middelgrunden风电项目的设想，但想法的实现却经历了7年的时间。风电场于2001年5月建成，是当时世界上最大的海上风电场。这个海上风电场由Middelgrunden风机合作社与哥本哈根能源局风能事业部共同开发，装机4万千瓦、拥有20座0.2万千瓦风机的海上风电场，正在为哥本哈根的4万多户家庭供电。

七、生物质能

　　生物质能是最理想的可再生能源，在整个能源系统中可以得到广泛的应用，且最有可能成为21世纪主要的新能源之一。生物质能是以生物质为载体的能量，它以化学能形式贮存在生物质中。据估计，植物每年贮存的能量约相当于世界主要燃料消耗的10倍，而作为能源的利用量还不到其总量的1%。通过生物质能转换技术可以高效地利用生物质能源生产各种清洁燃料，替代煤炭、石油和天然气等燃料生产电力，既能减少环境污染，更能增加农民收入，是一种很有发展前途的能源方式。

生物油燃烧

人类对生物质能的利用，包括直接用做燃料的农作物的秸秆、薪柴等；间接作为燃料的农林废弃物、动物粪便、垃圾及藻类等，它们通过微生物作用生成沼气，或采用热解法制造液体和气体燃料，也可制造生物炭。现代生物质能的利用是通过生物质的厌氧发酵制取甲烷，用热解法生成燃料气、生物油和生物炭，用生物质制造乙醇和甲醇燃料以及利用生物工程技术培育能源植物，发展能源农场。

八、氢能

氢，对人类而言是一种神秘而又亲切的元素。我们最熟悉的太阳和地球，其主要组成元素就是氢。而随着对氢的研究开发，我们将渐渐揭开氢那神秘的面纱，让它在人类能源的舞台上大放异彩。人类使用清洁能源的过程将是一个逐步脱碳的过程。从汽油、柴油，到天然气、醇醚，再到氢能，碳的使用渐渐变少，直至不被使用。氢能称得上是未来最为洁净的能源，也是人类长远的战略能源。氢能资源丰富，氢气可以由水制取，而水是地球上最干净、最为丰富的资源，氢燃烧后又生成水，演绎了自然物质持续循环的奇妙过程。

(1)氢的制取

因为氢是一种二次能源，它的制取不但需要消耗大量的能量，而且目前制氢效率很低，因此寻求廉价的大规模制氢技术是人们共同关心的问题。利用生物质、水和太阳能制氢是发展方向，特别是利用太阳能制氢是一种高效率的基本途径。

如果能用太阳能来制氢，那就等于把无穷无尽的、分散的太阳能转变成了高度集中的干净能源了，其意义十分重大。此外，将来大规模制氢的构想还有利用水力、风力发电电解水制氢，以液态氢形式用油轮向世界各地的加氢站点输送。今后，以太阳能、风能等可再生能源制得的氢能，将成为人类普遍使用的一种优质、干净的燃料。

(2)氢经济时代

为了达到清洁新能源的目标，未来氢的利用将充满人类生活的方方面面，人类社会将进入基于氢经济的氢时代社会。氢经济是一项系统工程，包括制氢、储氢、输氢、用氢、基础设施建设、氢安全法规等。一旦氢经济社会建立起来，会给人类的生产和生活带来巨大的变革。

氢燃料电池技术被认为是利用氢能解决未来人类能源危机的终极方案。而氢燃料汽车的出现则标志着人类应用氢能的突破性发展。

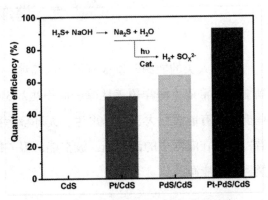

CdS上担载不同共催化剂的产氢量子效率

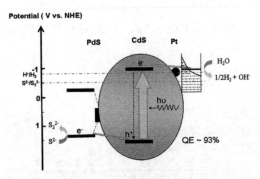

Pt-PdS/CdS 光催化产氢机理图示

太阳能制氢

未来，氢能迟早将进入家庭，首先是发达的大城市，它可以像输送城市煤气一样，通过氢气管道送往千家万户。每个用户则采用金属氢化物贮罐将氢气贮存起来，然后分别接通厨房灶具、浴室、氢气冰箱、空调机等，并且在车库内与汽车充氢设备连接。人们的生活靠一条氢能管道可以代替煤

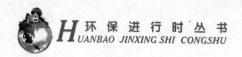
气、暖气甚至电力管线，连汽车的加油站也省掉了。这样清洁方便的氢能系统，将给人们创造舒适的生活环境，减轻许多繁杂事务。

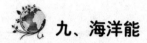 九、海洋能

未来人类的能源开发很有可能从陆地转向海洋，广阔的海洋正在成为新能源的希望。海洋覆盖地球表面积达2/3以上，蕴藏丰富海洋能源，这些能源具有能量巨大、可以再生、无环境污染等优点。从更长远的时间来看，依附在海洋中的潮汐能、波浪能、温差能、盐差能和海流能等是另一类巨大的能源。

(1) 潮汐能源

汹涌澎湃的大海，在太阳和月亮的引潮力作用下，时而潮高百丈，时而悄然退去，留下一片沙滩。海洋这样起伏运动，夜以继日，年复一年，是那样有规律，那样有节奏，就好像人在呼吸。海水的这种有规律的涨落现象就是潮汐。

潮汐发电就是利用潮汐能的一种重要方式，它主要利用每天潮流涨落的位能差产生电力。当涨潮时海水自外流入，推动水轮机产生动

潮汐能

力发电，退潮时海水退回大海，再一次推动水轮机发电。据初步估计，全世界潮汐能约有10亿多千瓦，每年可发电2万亿～3万亿千瓦时。

第一座具有商业实用价值的潮汐电站是1967年建成的法国郎斯电站。该电站位于法国圣马洛湾郎斯河口，电站规模宏大，大坝全长750米，坝顶是公路，平均潮差8.5米，最大潮差13.5米，每年发电量为5.44亿千瓦时。

(2)波浪能源

"无风三尺浪"是奔腾不息的大海的真实写照。海浪蕴藏的总能量是大得惊人的。据估计，地球上海浪中蕴藏着的能量相当于90万亿千瓦时的电能。因此波浪发电也是海洋能利用的很有潜力的方式，但同时波浪能也是海洋能源中能量最不稳定的一种能源。

波浪能发电是指波浪起伏造成水的运动，此运动驱使工作流体流经原动机来发电。随着波浪能相关技术瓶颈的突破，原来在深海域发电可逐渐转移到浅海域，其他相关技术与波浪发电的结合也越来越多。

除了波浪能以外的温差能、盐差能和海流能等也是重要的海洋发电途径，但包括波浪能在内，其发电技术仍处于研究试验阶段。相信在不久的将来，海洋将逐渐成为人类可利用的宝库。

十、地热能

地球的内部是什么？是熔岩，是滚滚翻腾的能量！地热能是由地壳抽取的天然热能，这种能量来自地球内部的熔岩，并以热力形式存在。地热能集中分布在构造板块边缘一带，该区域也是火山和地震多发区。如果热量提取的速度不超过补充的速度，那么地热能便是可再生的。地热能在世界上很多地区应用相当广泛。不过，地热能的分布相对来说比较分散。

人类很早以前就开始利用地热能，有地热能的地方总是会聚集一些居民，他们利用温泉沐浴、医疗，利用地下热水取暖、建造农作物温室、进行水产养殖及烘干谷物等。然而人类真正认识地热资源并进行较大规模的开发利用却是始于20世纪中叶。地热能的开发利用有多种方式，包括地热发电、地热供暖、地热务农、地热医疗等。

对于不同温度的地热流体可能利用的范围如下：200～400℃，直接发电及综合利用；150～2000℃，双循环发电、制冷、工业干燥、工业热加工；100～150℃，双循环发电、供暖、制冷、工业干燥、脱水加工、回收盐类、制作罐头食品；50～100℃，供暖、温室、家庭用热水、工业干燥；20～50℃，沐浴、水产养殖、饲养牲畜、土壤加温、脱水加工。

(1)地热热泵

地热能可以被人类利用来驱除寒意，维持温暖。现在直接利用地热供暖的热源温度大部分都在40℃以上，而未来的地热热泵对地热利用的温度范围更宽，温度为20℃或低于20℃的热源液也可以被当作一种热源来使用。热泵的工作原理与家用电冰箱相同，只不过电冰箱实际上是单向输热泵，而地热热泵则可双向输热。冬季，它从地球提取热量，然后提供给住宅或大楼，起到供暖作用；夏季，它从住宅或大楼提取热量，然后又给地球蓄存起来，起到制冷作用。而且在地热热泵的两种循环中，水被加热并储存起来，发挥了一个独立热水加热器的全部或部分的功能。在美国，地热热泵系统每年以20‰的良好增长势头继续发展，预计在不久的将来，地热热泵会在全球范围普及开来。

(2)地热发电

地热发电是地热利用最重要的方式，也是将来人类使用地热能的主要形式。地热发电不像火力发电那样要装备庞大的锅炉，也不需要消耗燃料，它所用的能源就是地热能。地热发电的过程就是把地下热能通过"载热体"带到地面上来，转变为机械能，然后再把机械能转变为电能的过程，载热体一般选择水流和蒸汽。

美国是地热发电最主要的市场。德国、法国、土耳其、印尼等市场也体现出对地热开发的兴趣。世界市场在2008年就显示出对地热开发的浓厚兴趣。2008年，世界银行推出了"地热能源发展计划"，致力于推动欧洲及中亚地区地热能的发展，包括保加利亚、捷克共和国、波兰、罗马尼亚、斯洛伐克、乌克兰、亚美尼亚、格鲁吉亚、俄罗斯、塔吉克斯坦和土耳其。该计划主要通过技术支持、资金协助及风险担保等方式帮助这些国家推动地热能产业的发展。

十一、水能

水能是一种可再生能源，是清洁能源，是绿色能源，它是指水体的动能、势能和压力能等能量资源。水能的开发利用主要通过水力发电，即运用水的势能和动能转换成电能来发电，其优点是成本低，可连续再生，无污染。

地热能发电

早在2000多年前，在埃及、中国和印度已出现水车、水磨和水碓等，利用水能进行农业生产。18世纪30年代开始有新型水力站。随着工业发展，18世纪末，这种水力站发展成为大型工业的动力，用于面粉厂、棉纺厂和矿石开采。但从水力站发展到水电站，是在19世纪末远距离输电技术发明后才蓬勃兴起的。

(1)水力发电

水电具有资源可再生、发电成本低、生态上较清洁等优越性，成为世界各国大力利用水力资源的依据。水电是为世界发电行业贡献最大的可再生能源。自1990年以来，全球水力发电市场一直处于平稳的增长中。亚洲地区，尤其是在中国，水力发电所占比例最大，全国总发电量大约有1/3来自水力发电。

从技术上说，水力发电市场已经是一个成熟的市场。未来发展趋势为：首先，抽水蓄能系统需求会不断增加，尤其是在欧洲。需要采用这种技术来弥补风能和太阳能能源供应的不稳定性。小型水力发电站数量会增加，西欧国家小型发电站会重新投入使用。这些国家大多数大型水力发电站都已经在运营中了。其次，中型及大型水力发电站水坝高度会增加，以承载更大规模的水力发电容量。最后，水力发电机创新性概念会得到应用，水力发电技术与其他低碳技术相互结合。大型多用途项目将得到开展，尤其是在发展中国家及新兴国家，如苏丹的麦罗维地区。

(2)田纳西河水电

田纳西流域的水电建设是一个成功范例。田纳西河位于美国东南部，在20世纪二三十年代，该地区经济落后，工业基础薄弱，由于森林被破坏，水土流失严重，洪水泛滥成灾；加之交通闭塞、水运不通，环境恶化、疾病流行、文化落后，一度成了美国最贫困的地区之一。在第二次世界大战期间，美国国会立法，成立田纳西流域管理局，开始了规模宏大的田纳西流域治理工程。从在田纳西流域建设水电设施开始，经过40多年的规划和建设，田纳西流域的自然资源得到了综合和合理的开发，区域经济得以振兴。到1977年，全流域平均国民收入比1933年

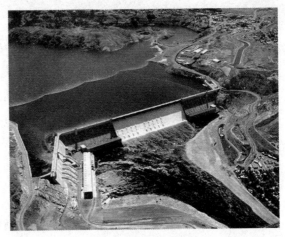

田纳西河水电站

增加了34倍。可以说，正是从水电工程建设开始，改变了田纳西人的生活，把一个贫穷的田纳西建设成了以工业为主、全面发展的现代化的田纳西。

(3)抽水储能电站

高山水库

抽水蓄能电站是利用晚上电力负荷低谷时的电能，抽水至山顶上的上水库，在白天电力负荷高峰时，再放水至下水库发电的水电站。它又称蓄能式水电站。蓄能式水电站可以将电网负荷低时的多余电能转变为电网高负荷时的高价值电能，还适于调频、调相，稳定电力系统的周波和电压。

有些高山水库风景优美，兼作旅游景点，犹如美丽的高山花环，镶嵌在群山之中。台湾日月潭就是旅游、发电兼备的代表。抽水蓄能电站根据上水库有无天然径流汇入，可分为纯抽水蓄能电站和混合抽水蓄能电站。此外，还有将这一条河的水抽至上水库，然后放水至另一条河发电的调水

环保进行时丛书 HUANBAO JINXING SHI CONGSHU

式抽水蓄能电站。

　　世界上第一座抽水蓄能电站是瑞士于1879年建成的勒顿抽水蓄能电站。世界上装机容量最大的抽水蓄能电站是美国巴斯康蒂抽水蓄能电站，该电站装机210万千瓦，于1985年投产。中国台湾省日月潭抽水蓄能电站装机100万千瓦，曾是亚洲最大的抽水蓄能电站广州抽水蓄能电站第一期工程装机120万千瓦。

我国抽水蓄能电站后来居上

　　世界上第一座抽水蓄能电站至今已有125年的历史。抽水蓄能电站的迅速发展是20世纪60年代以后，也就是说从第一座抽水蓄能电站建成到迅速发展，中间相隔近80年。中国抽水蓄能电站建设起步较晚，60年代后期才开始研究抽水蓄能电站的开发，1968年和1973年，先后在华北地区建成岗南和密云两座小型混合式抽水蓄能电站。在近40年中，前20多年蓄能电站的发展几乎处于停顿状态，90年代初有了新的发展。至2005年底，全国已建抽水蓄能电站总装机容量跃进到世界第5位，年均增长率高于世界平均水平，遍布全国14个省、直辖市。

　　近十几年来，中国抽水蓄能电站发展取得很大成绩。2004年底，全国已建成投产的抽水蓄能电站10座。其中包括1968年建成的河北岗南常规抽水蓄能电站，1992年建成的河北潘家口混合抽水蓄能电

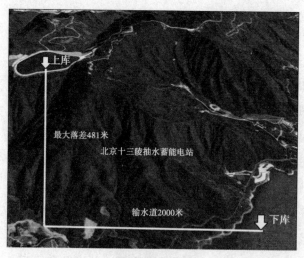

上库

最大落差481米

北京十三陵抽水蓄能电站

输水道2000米

下库

抽水蓄能电站

站，1997年建成的北京十三陵抽水蓄能电站；广东电网分别于1994年和2000年建成广州抽水蓄能电站一期、二期工程；华东电网于1998年建成浙江溪口抽水蓄能电站，2000年建成天荒坪抽水蓄能电站和安徽响洪甸抽水蓄能电站，2002年建成江苏沙河抽水蓄能电站；拉萨电网于1997年建成羊卓雍湖抽水蓄能电站；华中电网建成湖北天堂抽水蓄能电站。

我国抽水蓄能电站两个"之最"

最大的抽水蓄能电站——广州抽水蓄能电站

广州抽水蓄能电站是中国最大的抽水蓄能电站，该电站装机2400兆瓦，在华南电力调节系统中发挥重要作用，使核电实现不调峰稳定运行。广州蓄能电站的调峰填谷作用使香港中华电力公司无需多开两台66万千瓦煤机，而且在负荷低谷期可以更多地接受核电。大亚湾两台900兆瓦核电机组于1994年投入运行，分别向广电和中电两个电网供电。由于两个电网都有抽水蓄能容量供调度使用，为核电创造良好的运行环境。目前，该电站扩建成旅游休闲胜地，吸引了不少游客。

落差最大的抽水蓄能电站——天荒坪抽水蓄能电站

天荒坪抽水蓄能电站位于天目山东缘，上下水库落差607米，是目前世界上落差水位最高的电站，也是世界第二、亚洲第二大抽水储能电站。该电站装机容量达1800兆瓦，运行综合效率最高达80.5%，超过一般抽水蓄能电站。该电站自1998年投产至2003年6月底，已为电网应急调频或

天荒坪抽水蓄能电站

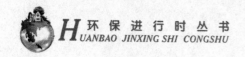

事故备用23次。它被电网指定为系统瓦解时恢复电网的启动电源。同时，蓄能电站成为系统调试的重要工具，对保证华东电网的安全稳定、经济运行发挥着不可替代的作用。

综上所述，已建抽水蓄能电站，不管是大型还是中型，在实际运行中都发挥了调峰、填谷、调相、调频、事故备用和替代燃煤机组的作用，均取得了良好的信誉和经济效益。

中国是人口大国，无论哪种单一能源都不能解决能源问题，必须发展多种替代能源。发展替代能源不能仅看到它的好处，更应该考虑它存在的问题；既要有多元化发展战略，又要目标明确，重点突出，提高资金使用效率；要用科学发展的观点组织能源规划，确保中国能源战略安全、可靠，稳步前进。

 ## 十二、化石能源的去碳化技术

1. 化石能源的去碳技术

在化石能源消耗结构中，煤炭一直占主体。世界对煤炭的依赖在20世纪初达到高峰，达到能源消耗的90%，此后由于石油资源的发现而得到缓解。煤炭在中国的能源资源中居绝对优势地位，在能源消费构成中也占一半以上。煤的大量使用造成严重的环境污染，大气中的主要污染物，如二氧化硫、氮氧化物、一氧化碳、烟尘、颗粒物、有机污染物、重金属等的主要来源都是煤燃烧的产物。这些污染物除了造成酸雨、光化学烟雾外，氮氧化物和二氧化碳还会加剧温室效应，成为温室气体的重要排放源。据统计，燃烧化石燃料导致的二氧化碳排放约占美国温室气体排放总量的80%。根据国家环保总局(现环境保护部)公布的历年环境状况公报，中国二氧化硫和烟尘的排放量虽然逐年稍有下降，但仍然很大。这与煤炭的大量消耗有直接关系。中国2008年废气中主要污染物排放情况为：二氧化硫排放量为2321.2万吨，烟尘排放量为901.6万吨，工业粉尘排放量为584.9万吨，分别比2007年下降5.9%、8.60%、16.3%。

由于目前还没有能够完全替代煤炭的能源，加强对煤炭等化石能源利用技术的改进成为当务之急。如何在开发和利用的过程中减少污染物排放，同时通过煤炭这一"非清洁"能源获得"清洁"的气体和液体燃料成为能源研究的重要目标，于是洁净煤技术应运而生。

在煤的利用过程中有多种方法可以实现污染物的排放减少。比如能在煤的燃烧或转化之前将煤中的有害物质通过某种方法分离出去，或者通过对燃烧过程的控制来阻止污染物的生成，或者将燃烧后的烟气在排入大气之前将其净化，脱除二氧化硫、氮氧化物以及二氧化碳等，都可能达到煤利用无污染的目的。经过三十多年的研究，洁净煤技术的许多方面已经走向成熟，成为继续利用煤炭的重要技术基础。若全面采用洁净煤技术，每年可以减少上千万吨二氧化硫的排放，减少因此造成的经济损失6000亿元，同时还可弥补液体燃料短缺和石油资源不足的问题。据预测，到2050年将有22%左右的煤用于制备液体和气体燃料，将有40%左右的油品短缺可用煤的液化来弥补。

洁净煤技术是指为了减少污染排放与提高利用效率，在煤炭从开发到利用的全过程中所采用的加工、燃烧、转换及污染控制等高新技术的总称。洁净煤技术将煤炭利用的经济效益、社会效益与环保效益结合为一体，它主要包括清洁生产技术、清洁加工技术、高效清洁转化技术、高效清洁燃烧与发电技术以及燃煤污染排放治理技术等。

这些技术按其生产和利用的过程可分为三类：第一类是在燃烧前的煤炭加工和转化技术，通过燃烧前将煤中的氮、硫等化合物分离出去，就可以降低燃烧过程中氮氧化物、硫氧化物等污染物的生成量；第二类是煤炭燃烧中的处理技术，通过在燃烧过程中改变燃料性质、改进燃烧方式、调整条件、适当加入添加剂等方法来控制污染物的生成，从而实现污染物排放量的减少；第三类是燃烧后不同种类的烟气净化技术，将污染物回收处理或利用，从而减少排放。另外，随着对全球变暖问题的日益关注，以二氧化碳的分离、回收和填埋为核心的污染物近零排放燃煤技术也成为洁净煤技术的重要内容。

燃烧前的煤炭加工技术主要是指洗选技术，包括物理与化学洗选、型煤和水煤浆技术。常规物理选煤技术一般可除去煤中60%的灰分和40%的黄铁矿硫，而超细粉的新物理选煤技术可以去除90%以上的硫化物和其他杂质，然后采用化学脱硫和生物脱硫(即化学洗选和物理洗选)的方法来实现煤炭中硫化物含量的进一步减少。型煤是将一种或数种粉煤或低品位煤与一定比例的胶粘剂、固硫剂等采用特定的机械加工工艺，加工成一定形状、尺寸和有一定理化性能的煤制品，是洁净煤技术中投资小、见效快、适宜普遍推广的技术。与直接燃烧原煤相比，可减少烟尘50%~80%，减少二氧化硫排放40%~60%，燃烧热效率可提高20%~30%，节煤率达15%。水煤浆是由煤粉(一般占60%~70%)、水(一般占30%~35%)和少量添加剂组成的煤基液体燃料，它的制备以浮选精煤为原料，经脱水、脱灰、磨制，加添加剂后与水混合成浆。由于它在制备过程中经过净化处理，其灰分低于8%、硫分低于1%，且燃烧时火焰中心温度较低(火焰温度平均比煤粉火焰低100~200℃)，烟尘、二氧化硫、氮氧化物等的排放量都低于燃油和散煤，同时保持了煤炭原有的物理化学特性，所以具有很强的实用性和商业推广价值。

　　燃烧前的煤炭转化技术是指煤炭气化和煤炭液化技术。煤炭气化是在高温条件下使煤或焦煤与汽化剂(蒸气或氢气)通过部分氧化反应，将煤转化为可燃气体(简称煤气)，煤中的灰分以废渣的形式排出，可以明显提高煤炭的利用效率。在使用前可将煤气中的气态硫化物、氮化物以及颗粒物较高效地脱除，克服由于煤的直接燃烧而产生的燃烧效率低、燃烧稳定性差及其所造成的环境污染等问题。煤炭气化随工艺操作条件和所加入的氧化剂的不同，可得到不同种类的煤气产品，如供城市居民使用的燃料、供合成氨和合成甲醇用的化工合成原料气和供冶金和电力等工业用做工艺燃料或发电燃料的工业气。目前的煤炭气化技术中应用了先进的水煤浆燃烧技术，可同时产生蒸汽，可以为蒸汽—燃气联合循环发电提供最理想的燃料气。煤炭液化是指在特定的条件下，将固体原料煤转化为液体后，再进行深加工而从煤炭中获得可替代石油的清洁液体燃料，以满足需要液体燃料的工业设备动力需求，能够减少污染并提高能源转化效率，有广阔的发展前景。世界各国，如德国、美国、英国、日本和苏联等加强了对煤液化的研究开发工作，并取得重要研究成果，目前该技术已进入工业化生产阶段。

　　煤燃烧中处理技术主要是清洁煤发电技术，目前主要包括低氮氧化物燃烧技术、循环流化床燃烧技术、增压流化床燃烧技术、整体煤气化联合循环发电技术、超超临界发电技术以及未来的与燃料电池结合的联合循环系统等。这些技术尽可能高效、清洁地利用煤炭进行发电，能有效提高煤的转化率，降低燃烧过程中污染物的排放。其中，煤的流化床是于20世纪60年代开始迅速发展起来的煤燃烧方式。它适应性强，易于实现炉内脱硫和低氮氧化物排放，且燃烧效率高，能有效地利用灰渣，呈现出很好的发展势头。为了减少燃烧过程中的有害气体排放，还在燃烧中采用炉内脱硫和炉内脱硝技术。炉内脱硫通常是在燃烧过程中向炉内加入固硫剂，使煤中硫分转化为硫酸盐并随炉渣排出；炉内脱硝主要是采用低氮氧化物的燃烧技术，这种技术最多可以减少氮氧化物排放量50%。

燃烧后的烟气净化技术主要是烟气净化和除尘，包括烟气脱硫技术、脱硝技术、颗粒物控制技术和以汞为主的痕量重金属控制技术等。烟气脱硫技术通常可分为干法脱硫和湿法脱硫，其中湿法脱硫应用最广，其脱硫过程是气液反应，效率较高。通常的烟气脱硝也分为干法和湿法，干法的脱硝率最高可达80%～90%，湿法的脱硝率可达90%以上。其中干法存在氨泄漏和硫酸氢铵的沉积腐蚀问题，湿法脱硝率虽高，却存在用水量大和水二次污染的问题。烟气除尘是通过安装除尘装置的方法进行的，这种方法使用的装置有很多种，其中应用较广的是静电除尘器，其除尘效率可达99.99%。虽然它设备庞大、投资费用高，但它运行费用低、处理烟气量大、操作方便、可完全实现自动化，因而被普遍应用于中国各大电厂。

2.化石能源的节约利用技术

提高能源的利用效率，可以在保持经济增长速度的前提下，减少能源消耗，具体体现在能源的开发、生产、输送、转换和利用全过程中，涉及社会经济的各个方面。关于终端能源消耗的结构，世界平均水平是工业占35.4%，交通运输占28.3%；中国的能源部门消费构成中，工业高达70.3%(约为世界水平的1倍)，居民占15%，交通运输仅占8.8%，农业占4.4%，服务业占1.5%。可见中国高耗能制造业的比重比其他国家高得多，而交通运输能源消费比重却比其他国家低。因此，在重点用能部门如工业、建筑、交通等各领域，应通过改善燃油经济性、提高建筑能效和电厂能效等措施，努力实现节能增效的低碳发展目标。

工业生产领域减少温室气体排放的技术研发及其应用范围广，技术要求高。这些技术可分为4个层次，一要进行节能设备的研究开发，使生产出单位产品的能耗降低；二是如果采用改进的生产工艺，即使相同的设备，也能获得较高的能源利用效率；三是改变整体的工艺流程，实现资源的循环利用；四是其他资源(如原料、水等)节约技术。这些技术的节能效果有直接的也有间接的。如减少废水排放，不仅节约了水资源，还能降低废水处理负荷；减少丢弃工业边角料，不仅可以节约原料，还能降低废弃物填埋、焚烧或其他物理化学处理的负荷等。

建筑物是能耗大户，全世界接近1／3的能源消耗产生在建筑物上，而且目前还有逐年递增的趋势。世界各国能耗总量中建筑业占重要地位，工业发达国家的建筑能耗占总能耗的42%～45%，中国的建筑能耗占全国总能源的25%。

一般而言，建筑节能是指在建筑材料生产、房屋建筑施工及使用过程中，合理地使用、有效地利用能源，以便在满足同等需要及达到相同目标的条件下，尽可能降低能耗，以达到提高建筑舒适性和节约能源的目标。建筑节能涉及建筑物的整个生命周期过程，包含建筑材料的生产、运输及安装，建筑方案的设计，建筑物本身的建设、使用、管理和环境等过程，要在满足同等需要的前提下实现能源的节约，提高能源的使用效率。所以，建筑节能措施是综合性的，在通过一定的技术手段获得舒适健康环境的同时，提高能源利用价值，以有限资源和最小能源消费为代价获取最大的经济效益和社会效益。可见，推行建筑节能已是发展低碳经济不可或缺的重要方面。建筑节能的含义经历了3个不同的阶段：第一阶段是建筑中

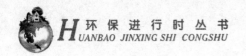
节约能源，也就是在房屋的建造过程中节约能源；第二阶段是建筑中保持能源，也就是在建筑物中减少能源的散失；第三个阶段是在建筑物的利用过程中提高能源的利用效率。因此，要达到建筑节能，在建筑的设计、建筑材料选择和建筑耗能等各个方面都要引入节能技术，使建筑物在整个生命周期中都能实现节能。

发展经济注重环保

第三章

全世界共同向低碳经济转型

一、英国的低碳经济模式

欧盟是低碳经济发展的倡导者，他们视低碳经济为新的工业革命。自《京都议定书》签署以来，欧盟一直主导着减排的前进步伐，对本区域的工业产品制定了更严格的节能与排气量指标，深深地影响了全球工业产品的竞争格局，使欧盟赢得了新经济竞争的初步优势，引导着新兴低碳经济、环保产业的发展。

在欧盟国家当中，英国是低碳经济的"领头羊"。早在2003年，英国政府就发表能源白皮书《我们能源的未来：创建低碳经济》。英国作为第一次工业革命的先驱，进入新世纪之后，又成为全球低碳经济的积极倡导者和先行者。在能源白皮书中，英国首次提出了建设低碳经济和低碳社会的目标，引起了全世界的广泛关注。这份能源白皮书是英国走上低碳经济道路的宣言书，英国希望在二氧化碳减排方面成为世界的引领者。他们在应对气候变化领域创造了许多第一：发达国家中第一个完成并有望大幅超越《京都议定书》第一阶段减排目标；第一个提出2050年可减排60%～80%；第一个征收"气候变化税"和拟定《气候变化法》；第一个制定涉及整个经济领域的碳排放交易制度；主要大国中第一个设立有关气候变化的巨额国际合作基金。时任英国首相布朗从国家战略高度对待气候问题，认为应对气候变化的努力堪称"第四次技术革命"，是类似"马歇尔计划"的"命运抉择"，可为英国提供巨大机遇。

2006年10月30日，受英国政府委托，前世界银行首席经济学家、英

发展经济注重环保

国政府经济顾问尼古拉斯 斯特恩爵士领导编写了《气候变化的经济学：斯特恩报告》，对全球变暖的经济影响做了定量评估。《斯特恩报告》认为，气候变化的经济代价堪比一场世界大战的经济损失；目前应对这场挑战的技术具有可行性，在经济负担上也比较合理；行动越及时，花费越少；如果现在全球以每年GDP1%的投入，即可避免将来每年GDP5%~20%的损失。《斯特恩报告》呼吁全球向低碳经济转型。主要措施有：提高能源效率；对电力等能源部门"去碳"；建立强有力的价格机制，如对碳排放征税和进行碳排放交易；建议全球联合对去碳高新技术进行研发和部署等。

2007年3月，英国通过《气候变化草案》，这是世界上第一个关于气候变化的立法，主要内容包括：碳财政预算提供目标管理，成立气候变化委员会，为英国2050年达到温室气体减排量60%的法定目标出谋划策，给政府在碳排放交易方面提供更大的权力等。

美国的价格机制

2008年11月26日，英国

议会通过了《气候变化法案》，使英国成为世界上第一个为减少温室气体排放、适应气候变化而建立具有法律约束性长期框架的国家，并成立了相应的能源和气候变化部。按照该法律，英国政府必须致力于发展低碳经济，到2050年达到减排80%的目标。2008年12月1日，根据英国《气候变化法》成立的英国气候变化委员会正式成为法定委员会，负责就英国的碳预算水平、实现碳预算的政策措施等向政府提供独立的咨询和建议。委员会于当天提交了他们的第一份相关报告《创建低碳经济——英国温室气体减排路线图》。报告详细阐述了英国到2050年的温室气体减排目标以及实现目标的原则、方式和路径，提出了一个涵盖2008-2022年三个五年期碳预算的未来减排路线图，并分析了其可能给英国带来的广泛的经济和社会影响。通过一系列可能的全球减排情景分析，报告认为，如果要将气候变化所带来的风险控制在可接受的水平，2050年全球温室气体排放必须在目前的水平上至少减少50%，而英国届时对此的合理贡献应该是在1990年的水平上减排80%。根据英国《气候变化法》的要求，为了实现80%的减排目标，报告就前三个阶段的碳预算提出了建议。减排路线图采取了2套方案，并与哥本哈根会议的结果紧密相关：一是如果哥本哈根会议能够达成全球减排协议，英国则采取"倾向性碳预算"——到2020年实现在1990年的基础上减排42%；二是如达不成全球减排协议，则采取"过渡性碳预算"——到2020年实现在1990年的基础上减排34%。

2009年4月，布朗政府宣布将碳预算纳入政府预算框架，使之应用于经济社会各方面，并在与低碳经济相关的产业上追加了104亿英镑的投资，英国也因此成为世界上第一个公布碳预算的国家。财政大臣阿利斯泰尔·达林在公布财政预算的同时，也宣布了具有法律约束力的碳预算。而

发展经济注重环保

要完成这项特殊的预算，低碳的绿色能源推广是重要一环。根据计划，到2020年可再生能源在能源供应中要占15%，其中30%的电力来自可再生能源，相应温室气体排放要降低20%，石油需求降低7%。新能源推广是完成任务的关键，而风能利用是英国新能源利用中的一大重点。英国还推行"政府投资、企业运作"的模式，促进商用技术的研发推广，占领低碳产业的技术制高点。同时，英国正在运用多种手段引导人们向低碳节能的生活方式转变。根据要求，英国所有新盖房屋在2016年要达到零碳排放。2009年6月26日，英国能源和环境变化部发布题为《通向哥本哈根之路》

双层玻璃窗

的报告称，建筑节能是执行低碳经济最简单有效的方式。比如简单地给窗户换上双层玻璃，这个举动就能每年省下80英镑的能源费用。

2009年7月15日，英国发布了《英国低碳转换计划》、《英国可再生能源战略》，标志英国成为世界上第一个在政府预算框架内特别设立碳排放管理规划的国家。具体内容包括以下三个方面：一是大力发展新能源。到2020年可再生能源在能源供应中要占15%的份额，其中40%的电力来自低碳领域。二是推广新的节能生活方式。在住房方面，英国政府拨款32亿英镑用于住房的节能改造，对那些主动在房屋中安装清洁能源设备的家庭进行补偿，预计将有700万家庭因此受益。在交通方面，新生产汽车的二氧化碳排放标准在2007年基础上平均降低40%。三是向全球推广低碳经济的新模式。同时，英国政府还积极支持绿色制造业，研发新的绿色技术，从政策和资金方面向低碳产业倾斜，确保英国在碳捕获、清洁煤等新技术领域处于领先地位。

目前，英国已初步形成了以市场为基础，以政府为主导，以全体企业、公共部门和居民为主体的互动体系，从低碳技术研发推广、政策发挥作用到国民认知姿态等诸多方面都处在了世界领先位置。从某种程度上讲，英国已突破了发展低碳经济的最初瓶颈，走出了一条崭新的可持续发展之路。值得一提的是，就在许多国家受全球金融危机影响纷纷转移精力、削减投入甚而放松减排要求的情况下，英国却宣布启动了一项"绿色振兴计划"，尝试以低碳经济模式从衰退中复苏。

另外，英国还正在着力将低碳经济模式向全世界推广。2009年6月26日英国首相布朗发表演讲，呼吁发展中国家不应再延续发达国家历史上的高能耗的发展模式，因为旧模式带来了巨大的环境成本，发展中国家可以考虑发展低碳经济的新模式。对发展中国家来说，向低碳经济转型是现实的需要，因为发展中国家更容易受到干旱和洪水的影响，应对手段也相对匮乏。因此，发展中国家对实施低碳经济以抑制气候变化有着更紧迫的需求。

发
展
经
济
注
重
环
保

二、法国的绿色行业

　　法国在应对2008年世界经济危机、实现可持续发展的背景下，更加重视低碳经济的发展。法国政府认识到需要依赖新的增长模式：深刻广泛地改变生产和消费方式，减少对自然资源的依赖，并在应对气候变化中发挥积极作用。绿色经济、低碳经济、循环经济等新的经济概念的最终着陆点是生态技术和绿色产业。法国可持续发展综合委员会就法国绿色产业的现状和未来发展趋势和需求发布了一份综合报告。

法国的绿色建筑

　　法国政府提出并制定了大约17种绿色产业发展政策，即生物质能、生物质材料、生物燃料、绿色化工、高附加值垃圾回收利用、风能、海洋能、地热、二氧化碳的捕集和储存、光伏能、低碳汽车，能源储存，计量测量和仪器、工业流程优化、后勤服务和物流管理、智能电网、节能建筑。同时，法国政府根据法国目前的技术水平以及未来市场发展的潜力，确定了6个优先行业：清洁汽车，海洋能源，第二、三代生物燃料，离岸风能，节能建筑和二氧化碳的捕获和储存；未来5大潜力行业：嵌入式电池、绿色化工、生物质材料、光伏技术和智能电网。在计量领域的卫星应用、高附加值垃圾的回收、深层地热、生物质能4个领域中，法国具有一定的技术优势，但是近期市场潜力可能相对较小。在储能技术和陆地风能方面法国目前较弱，但市场潜力较大。此外，法国有望在全球占有领先地位的有绿色产业有电动汽车，CCS（二氧化碳的捕获和储存），海洋能，离岸风能，第二、三代生物燃料，计量领域的卫星应用，高附加值的垃圾回收。法国将支持大型外国企业参与合作的行业有CCS、离岸风能、计量领域的卫星应用、生物质材料、智能电网。

法国政府的最终目标是通过对各绿色行业进行纵向和横向比较，制定适当的产业战略，充分发挥各产业的优势，促进法国经济的绿色增长。要实现这个目标，每个产业都需要一个清晰的发展路线图、大规模研发公共投入、相应的基础建设和对创新型中小企业的有力支持，从而保证法国在未来国际市场中占据有利地位。

法国发展低碳经济的模式的推广，还从重点行业上进行突破。作为法国优势产业的葡萄酒业，也从自身做起，通过减轻酒瓶重量来减少温室气体的排放。据介绍，法国除香槟酒以外的其他葡萄酒产品所用酒瓶的重量通常在450～500克之间。不过，由于要承受较大的气体压力，法国香槟酒酒瓶以往的标准重量为900克，法国香槟酒行业委员会于2010年3月16日宣布，从即日起开始使用新的香槟

减重后的香槟酒酒瓶

酒酒瓶重量标准。根据新标准，法国香槟酒酒瓶在不会对香槟酒质量以及消费者的安全构成影响和危险的前提下，将减重65克，即由900克减为835克。推行新的重量标准旨在使法国香槟酒行业身体力行参与环保事业。据介绍，香槟酒酒瓶减重后，法国每年因生产香槟酒酒瓶而产生的二氧化碳将减少8000吨，相当于4000辆汽车1年的二氧化碳排放量。

三、德国的低碳经济战略方向

德国作为发达的工业国家，能源开发和环境保护技术处于世界前列。德国政府实施气候保护高技术战略，将气候保护、减少温室气体排放等列入其可持续发展战略中，并通过立法和约束性较强的执行机制制定气候保护与节能减排的具体目标和时间表。德国在应对气候变化和发展低碳经济方面的一些措施有：

1.实施气候保护高技术战略

德国先后出台了5期能源研究计划，以能源效率和可再生能源为重点，为"高技术战略"提供资金支持。2007年，德国联邦教育与研究部又在"高技术战略"框架下制定了气候保护技术战略。该战略确定了未来研究的4个重点领域，即气候预测和气候保护的基础研究、气候变化后果、适应气候变化的方法和与气候保护的政策措施研究，同时通过立法和约束性较强的执行机制制定气候保护与节能减排的具体目标和时间表。为实现气候保护目标，从1977年至今，德国联邦政府先后出台了5期能源研究计划，最新一期计划从2005年开始实施，以能源效率和可再生能源为重点，通过德国"高技术战略"提供资金支持。2007年，德国联邦教育与研究部又在"高技术战略"框架下制定了气候保护高技术战略。根据这项战略，联邦教研部将在未来10年内额外投入10亿欧元用于研发气候保护技术，德国工业界也相应投入一倍的资金用于开发气候保护技术。该战略确定了未来研究的4个重点领域，即气候预测和气候保护的基础研究、气候变化后果、适应气候变化的方法和与气候保护措施相适应的政策机制研究。根据这项战略，德国科技界和经济界将就有机光伏材料、能源存储技术、新型电动汽车和二氧化碳分离与存储技术4个重点研究方向建立创新联盟。

新型电动汽车

2.提高能源使用效率，促进节约

(1)征收生态税。德国从提高能源使用效率，促进节能的角度建立起低碳财政税收政策。一是从1999年对油、气、电征收生态税；二是与工业界签订协议，规定企业享受的税收优惠与节能挂钩，同时德国联邦经济部与

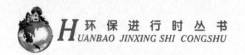
德国复兴信贷银行已建立节能专项基金，用于促进德国中小企业提高能源效率。三是通过修改机动车税与征收载重汽车费规定以减少大排量汽车，来降低二氧化碳排放。四是支持"欧洲航空一体化"建议，力图将航空领域产生的二氧化碳减少10%。生态税是以能源消耗为对象的从量税，是德国改善生态环境和实施可持续发展计划的重要政策，税收收入用于降低社会保险费，从而降低德国工资附加费。这样一方面促进了能源节约、优化能源结构，另一方面提高了德国企业的国际竞争力。生态税自1999年4月起分阶段实行，对油、气、电征收生态税。

(2)鼓励企业实行现代化能源管理。德国政府计划在2013年之前与工业界签订协议，规定企业享受的税收优惠与企业是否实行现代化能源管理挂钩。对于中小企业，德国联邦经济部与德国复兴信贷银行已建立节能专项基金，用于促进德中小企业提高能源效率，基金主要为企业接受专业节能指导和采取节能措施提供资金支持。

(3)推广热电联产技术。热电联产是将发电中产生的热能收集起来用于供暖，这样既减少了热量的流失，又为发电企业带来额外的供暖收入。热电联产技术一方面可用于火力发电站的节能改造，另一方面也可用于制造微型发电机，在小范围内解决供电和供暖问题，帮助用户降低对发电站的依赖。德联邦政府为支持热电联产技术的发展和应用，制定了《热电联产法》，规定以热电联产技术生产出来的电能获得一定的补贴额度，例如2005年底前更新的热电联产设备生产的电能，每千瓦可获补贴1.65欧分。德国政府计划，到2020年将热电联产技术供电比例较目前水平翻一番。

(4)实行建筑节能改造。德国政府计划每年拨款7亿欧元用于现有民用建筑的节能改造，另外还有2亿欧元用于地方设施改造，目的是充分挖掘

发展经济注重环保

建筑以及公共设施的节能潜力。改造内容包括建筑供暖和制冷系统、城市社区的可再生能源生产和使用、室内外能源储存和应用等。对于新建房屋，德国相关法律还规定了多项节能技术要求，主要集中在建筑供暖和防止热量流失方面。这种做法有利于居民在购买电器时有意识地选择节能电器，为环境保护做贡献。自这一分级标注规定实施以来，A级和B级电器销量显著增加，而最低几个等级的电器在竞争中逐步被市场淘汰。

德国建筑的节能改造

3.大力发展可再生能源

德国政府通过《可再生能源法》保证可再生能源的地位，对可再生能源发电进行补贴，平衡了可再生能源生产成本高的劣势，使可再生能源得到了快速发展。近几年，德国的可再生能源发展取得了很大成功。2008年，德国可再生能源的发电比重近13%，可再生能源使用占初级能源使用的4.7%，这两项指标已经超过了德国制定的2010年目标水平。在广泛发展各种可再生能源的同时，德国也确定了以下几个重点领域：

(1)促进现有风力设备更新换代、发展海上风力园。未来风能发展的最

H环保进行时丛书
HUANBAO JINXING SHI CONGSHU

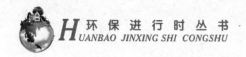

发展经济注重环保

大潜力在于海上风能。如果能提高能源效率、降低成本，海上风力园未来30年的发电总量可达到2万至2.5万兆瓦。为此，德国能源署开展了一项海上风力园实验项目，但目前仍处于计划和初步实施阶段。

(2)促进可再生能源的使用。由于可再生能源发电起步晚、规模小、成本高，没有独立的电力传输网络，而现存的电网几乎都为大型电力集团所有，这就导致可再生能源发电难以通过电网输送给用户。为解决这一问题，德国1991年出台了《可再生能源发电并网法》，规定了可再生能源发电的并网办法和足以为发电企业带来利润的收购价格。德国计划到2020年将沼气使用占天然气使用的比重提高到6%，到2030年提高到10%。

4.减少二氧化碳排放

主要措施有：

(1)发展低碳发电站技术。德国政府认为，尽管可再生能源发展迅速，但褐煤和石煤发电站在中期和长期内还将继续发挥作用，因此必须发展效率更高、应用清洁煤技术的发电站。CCS技术可将二氧化碳气体分离并存

德国绿色发电站

储起来,只有这样才有可能实现二氧化碳减排目标。

为此,德国政府计划制定关于CCS技术的法律框架,具体措施有:向欧盟递交建议书,促进在欧盟层面上制定CCS法律框架;在德国国内,以德国环境法规来保障发展CCS技术的措施;根据2007年11月公布的欧盟指令,制定德国关于二氧化碳分离、运输和埋藏的法律框架;建设示范低碳发电站等。

(2)降低各种交通工具的二氧化碳排放。针对机动车,德国目前新售出汽车的平均二氧化碳排量约为164克/千米,而根据欧盟规定,到2012年新车二氧化碳排量应达到130克/千米。德国政府计划通过修改机动车税规定来推动这一目标的实现。也就是说,小排量的汽车可以享受较低税额,而大排量车则要缴纳较高税款。德国还规定新车要标注能源效率信息,并努力根据欧盟指令完善标注方法,同时将二氧化碳排量纳入标注范围。对于载重汽车,德国自2005年开始在联邦高速公路和几条重要的联邦公路上对12吨以上的卡车征收载重汽车费,此举对提高货运效率,增加低排量汽车比例起到了积极的作用。针对空运,德国政府积极主张将其列入欧洲二氧化碳排量交易系统中,以促进竞争。同时,德国政府也支持"欧洲航空一体化"建议,希望通过一体化将航空领域产生的二氧化碳减少10%。

(3)排放权交易。德国于2002年开始着手排放权交易的准备工作,当时联邦环保局设立了专门的排放交易处,并起草相关法律,目前已形成了比较完善的法律体系和管理制度。实施前,德国对所有企业的机器设备进行调查研究,以研究结果作为发放排放权的基础。发放排放许可后,如企业排放超过额定量,就必须通过交易部门购买排放量,否则就要缴纳罚款。

四、意大利政府的措施

发展经济注重环保

意大利的能源80%以上要依靠进口，因此意大利尤其注重可再生能源和新能源的开发与利用，主要是通过节能减排的政策措施，鼓励和引导新能源技术开发等促进低碳经济的发展。意大利在应对气候变化和发展低碳经济方面的一些做法和经验有：

1.绿色证书制度

1999年后，意大利通过立法的形式开始实行绿色证书制度。绿色证书是指通过利用可再生能源向国家电网输送电力并由国家电网管理局认可后颁发的证书。规定年产量或进口量在1亿千瓦时以上的不可再生能源企业，必须按实际产量的一定比例向电网输送可再生能源，且比例逐年提高。绿

意大利可再生能源发展

色证书可用于交易，生产商可通过购买绿色证书的方式完成任务。通过绿色证书，限制高碳能源的使用，激励具有低碳的可再生能源发展。

绿色证书是通过利用可再生能源向国家电网输送电力并由国家电网管理局认可后颁发的证书。年产量或进口量在1亿千瓦时以上的非可再生能源生产企业必须按前一年度实际产量的一定比例向国家电网输送可再生能源，该比例逐年递增。生产商或进口商可通过自己的可再生能源生产来完成规定的指标，也可通过购买绿色证书的方式完成。

2.白色证书制度

意大利自2005年1月起对能耗效率管理采取了白色证书制度。这是一种对企业提高能源效率的认证制度。企业必须申请白色证书，政府核准其最低的节能目标。白色证书可以买卖，管理部门可根据市场行情调整价格。对达到节能目标的企业，给予经济奖励。达不到最低节能目标者，可从市场上购买白色证书，否则将受到经济处罚。而且，各个企业的节能总额中，政府要求至少有一半是通过采取节能措施而非购买白色证书来实现。

白色证书是对能源消耗企业提高能源效率的一种认证，可以在市场上进行交易，管理部门可以根据市场行情调整价格。达到节能目标的企业，管理部门将给予经济奖励；超出者可出售其富余的白色证书；未达标者

能源消耗企业

第三章 全世界共同向低碳经济转型

环保进行时丛书 HUANBAO JINXING SHI CONGSHU

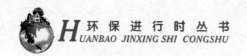
发
展
经
济
注
重
环
保

则可从市场上购买白色证书，否则将受到经济处罚。白色证书体系的建立主要有两方面作用：一方面，它是度量工具，通过白色证书的结算，可以在规定时间内获得目标能效提高量，可以得到能效提高目标实现的数量化情况，也使得节能有了具体有形的市场价格。另一方面，白色证书提供了交易平台，供求双方既可以通过双边交易，也可以通过白色证书市场进行交易，使得节能政策的推进具有了更强的可操作性。

3.能源一揽子计划

政府出台了一系列推动节能和可再生能源发展的财政措施，目标是既要履行减排承诺，又要保持工业发展和经济增长优势。比如，出台了2007财政法规定的优惠政策的实施条例、启动了第一个关于能源效率和生态工业的工业创新计划等。主要包括：

(1)财政与税收优惠政策。意大利政府为支持可再生能源的发展，从1992年对可再生能源发电厂的电价实行保护价收购，扶持可再生能源的发展。财政与税收政策方面，意大利政府于2007年年初推行能源一揽子计划，出台了一系列推动节能和可再生能源发展的财政措施。其目标是既要履行减排承诺，又要保证工业发展创造经济优势。政府启动了第一个关于能源效率和生态工业的工业创新计划，对申请企业的下列投资给予资助：可再生能源领域投资；环境影响小和节约能源的新产品的开发投资；能降低能耗的新工艺的开发。意大利对农业能源系统的优惠措施，对高效率工业电机的税收减免，对高效率家用电器的税收减免，限制汽车二氧化碳排放量。

(2)能源效率行动计划。一是对农业能源系统的优惠措施、对高效率工业电机和家用电器的税收减免等；二是即将实施和正在讨论的一些措施，如欧盟关于生态设计的法令，规定所有产品或服务都必须有符合欧盟规定的能耗标签；三是从2009年开始，将汽车二氧化碳平均排放量限制在140克/千米。

 ## 五、美国的绿色新政计划

2007年7月11日，美国参议院提出了《低碳经济法案》，表明低碳经济的发展道路有望成为美国未来的重要战略选择。

奥巴马政府上台不久也推出新能源战略，望其成为美国走出经济低谷、维护其世界经济"领头羊"地位的重要战略选择。全球金融危机以来，美国选择以开发新能源、发展低碳经济作为应对危机、重新振兴美国经济的战略取向，短期目标是促进就业、推动经济复苏；长期目标是摆脱对外国石油的依赖，促进美国经济的战略转型。美国政府发展低碳经济的政策措施可以分为节能增效、开发新能源、应对气候变化等多个方面，其中新能源是核心。

2009年1月，奥巴马宣布了"美国复兴和再投资计划"，以发展新能源作为投资重点，计划投入1500亿美元，用3年时间使美国新能源产量增加1倍，到2012年将新能源发电占总能源发电的比例提高到10%，2025年，将这一比例增至25%。2009年2月15日，美国正式出台了《美国复苏与再投资法案》，投资总额达到7870亿美元。到2012年，保证美国人所用电能的10%来自可再生能源，到2025年这个比率将达到25%；到2025年，联邦政府将投资900亿美元提高能源使用效率并推动可再生能源发展。《美国复

苏与再投资法案》将发展新能源作为重要内容，包括发展高效电池、智能电网、碳储存和碳捕获、可再生能源（如风能和太阳能等）。

2009年3月31日，由美国众议院能源委员会向国会提交了《2009年美国绿色能源与安全保障法案》。该法案由绿色能源、能源效率、温

高效电池

室气体减排、向低碳经济转型等4个部分组成。法案规定美国2020年时的温室气体排放量要在2005年的基础上减少17%，到2050年减少83%。法案要求逐步提高美国来自风能、太阳能等清洁能源的电力供应，要求到2025年，电力公司出售的电中有25%要来自于可再生资源。法案在"向低碳经济转型"领域的主要内容有：确保美国产业的国际竞争力，绿色就业机会和劳动者转型，出口低碳技术和应对气候变化等四个方面。该法案构成了美国向低碳经济转型的法律框架。

2009年6月28日，美国众议院通过了《美国清洁能源和安全法案》。这是美国第一个应对气候变化的一揽子方案，它不仅设定了美国温室气体减排的时间表，还引入温室气体排放权配额与交易机制。根据这一机制，美国发电、炼油、炼钢等工业部门的温室气体排放配额将逐步减少，超额排放需要购买排放权。美国温室气体排放权配额与交易机制的基本设计可以归纳为六个方面的内容：一是排放总量的控制。对约占温室气体排放

量85%的排放源设置了具有法律约束力且逐年下降的总量限额。二是配额发放。排放源对排放的每一吨温室气体都要持有相应数量的排放配额，并可以交易、储存和借贷配额。在最初几年，对排放配额中的80%进行免费发放，之后，随着总的配额减少，免费发放配额也将逐年减少。三是稳定配额交易价格的措施。该体系在已批准的国家温室气体排放清单的基础上形成，因此解决了可能存在的碳价格波动问题。四是美国国内和国际抵消量。允许排放抵消量来降低减排成本，设置抵消量从初始每年20亿吨二氧化碳逐步减少到8亿吨。在20亿吨抵消量中，10亿吨来自国内林业和农业项目，另外10亿吨来自国外。《美国清洁能源与安全法案》还为国际碳抵消量进入美国碳市场建立了四种连接机制。五是对发展中国家的援助。从2012年到2021年，为发展中国家适应气候变化和向其转让清洁技术提供2%的配额，从2022年到2026年，这一比例将增加到4%，2027年后增加到8%。六是治理结构。除美联邦环保署和国务院外，《美国清洁能源与安全法案》还授权美国农业部、美国能源管理委员会、商品期货交易委员会分别负责相关监管。

 ## 六、日本低碳社会行动计划

近年来，日本政府对能源的新政频出，其推进低碳社会建设的进程不断提速。

2006年日本出台的《国家能源新战略》提出发展节能技术、降低石油依存度、实施能源消费多样化等几个方面推行新能源战略，提出2030年前

将日本的整体能源使用效率提高30%以上的整体目标。

2008年是日本围绕低碳出台法规、政策、技术、战略最多的一年，几乎"月月有动作"。1月，时任首相福田康夫在达沃斯论坛上提出"清凉地球推进构

日本"低碳社会"

想"。3月，日本政府全面修订了《京都议定书目标达成计划》，出台了《循环型社会推进基本计划》。日本将建立低碳社会作为发展方向，为实现温室气体排放量减半的目标制定了中长期技术创新路线图。5月，日本综合科学技术会议批准了《环境能源技术创新计划》。该计划筛选出超导输电、热泵等36项技术，提出了官民合作、社会体系改革等保障措施。6月，福田首相发表了"实现低碳社会日本"的演说。7月，日本政府在内阁会议上通过了《低碳社会行动计划》，提出了建设低碳社会的中长期目标和措施。该计划提出，重点发展太阳能和核能等低碳能源，使日本早日实现低碳社会。行动计划明确提出未来太阳能的发展目标，即到2020年，日本太阳能发电量是目前的10倍，到2030年是目前的40倍，重新夺回太阳能发电世界第一的宝座。为实现上述目标，日本政府正在积极推进技术开发，降低太阳能发电系统成本，同时进一步落实包括补助金在内的鼓励措施，推动日本人购置家用太阳能发电系统。行动计划提出，日本政府未来5年投入300亿美元研发高速增殖反应堆燃料循环技术、生物质能利用技术

发展经济注重环保

等高效技术。行动计划还提出,从2009年起将就碳捕获与埋存技术开始大规模验证实验,争取2020年前使这些技术实用化。7月,在日本北海道举行的G8峰会上,日本力促各国就2050年全球温室气体排放减半达成共识。9月,日本修改了《新经济成长战略》,作为两个基本战略之一,提出实施"资源生产力战略",即为根本性地提高资源生产力采取集中投资,使日本成为资源价格高涨时代和低碳时代的胜者;同月,经济产业省资源能源政策咨询机构"综合资源能源调查会新能源部会"提交《构建新能源模范国家》的紧急建议;9月30日日本正式向联合国气候变化框架公约长期合作行动问题特别工作组提交了日本国家建议文件,全面阐述其对2013年以后国际减排机制的主张。10月,日本正式决定试行国内排放交易制度,经济产业省决定修改《石油替代能源促进法》(简称《替代能源法》)。11月,为落实"建设低碳社会行动计划",经济产业省、文部科学省、国土交通省和环境省联合发布了《为扩大利用太阳能发电的行动计划》。

值得一提的是,日本从20世纪80年代起就开始发展风电、太阳能发电、生物能、废物发电、废热能等新能源。如今,日本对石油的依存度已经降低50%。据日本经济产业省公布的数据,2030年日本对不可再生能源的依存度将仅有之前的40%。日本《选择》月刊2008年2月号刊登文章,把日本称为"新能源大国",说日本创造1美元GDP所消耗的能源只有美国的37%,是发达国家中最少的。日本太阳能发电、利用间伐木材制造生物乙醇等新能源技术也都居世界最高水平。日本商业思想家大前研一在日本《追求》周刊发表文章,称"原油价格上涨是日本千载难逢的良机,能源大国日本迎来曙光"。高碳经济时代的"资源小国"日本,在低碳经济时代到来的时候,竟然"摇身一变",有底气自称"能源大

发展经济注重环保

国"，与其一贯的低碳发展路线不无关联。

2009年4月，日本政府还公布了《绿色经济与社会变革》的政策草案，提出通过实行削减温室气体排放等措施，大力推动低碳经济发展。

日本的家用太阳能发电系统

 七、澳大利亚低碳经济措施

澳大利亚在2007年新政府成立之后，批准了《京都协定书》，于2008年发布了酝酿已久的《减少碳排放计划》政策绿皮书，提出了减碳计划的三大目标：减少温室气体排放、立即采取措施适应不可避免的气候变化、推动全球实施减排措施。澳大利亚政府长期减排目标是2050年达到2000年气体排放的40%。澳政府在低碳经济方面的技术和经验有以下几点。

1.政府宏观政策的指导与扶持

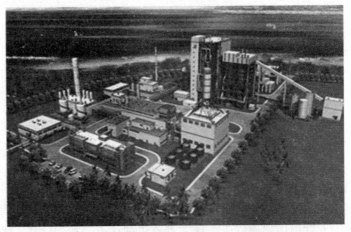

澳大利亚政府建立气候变化政策部，整合相关部门资源，促进政府与产业互动，全方位建设一个低碳经济环境。低碳

清洁煤技术

经济着力于支持新能源普及和相关技术发展，采取强制性的可再生能源指标，计划2020年澳大利亚可再生能源比重要达到整个电力的20%，并以不断完善的清洁能源技术作支撑。促进可再生能源技术的研究、开发和商业化，澳大利亚设立可再生能源专项基金，计划7年投资5个亿，重点用于热能技术升级与太阳能开发利用。澳大利亚政府对家庭购买太阳能系统均给予资金奖励，以实现家庭节能减碳。2008年9月实施"全球碳捕集与储存计划"，使澳大利亚对清洁煤技术的投资处于世界领先地位。这项计划包括建立一个全球碳捕集与储存中心，它将推动碳捕集与储存技术和知识在全球的推广。

2009年12月15日，澳大利亚政府发布了"降低碳污染计划"的政策白皮书。白皮书中列出了澳大利亚中长期降低温室气体排放的目标和实现这些目标的主要途径——澳大利亚温室气体排放贸易机制计划。澳大利亚特殊的国家环境，包括其快速的人口增长、大比重的能源和温室气体排放密集产业以及对化石燃料能源的严重依赖，意味着澳大利亚比许多发达国家都面临着更大的结构调整任务。

2.全面、强健的碳排放贸易机制

澳大利亚正在建立世界上最全面、最强健的温室气体排放贸易机制。这个机制将覆盖澳大利亚温室气体排放量的75%。它将为整个经济创造降低温室气体排放的动力，刺激可持续、低排放增长，从而奠定澳大利亚未来繁荣的基础。通过实施"降低碳污染计划"，以证明大幅度降低温室气体排放和经济的持续增长及生活水平的上升是可以共存的。

除国内措施以外，澳大利亚也制订了一系列计划，为全球解决方案做贡献，包括为本地区脆弱的国家提供可观的援助，帮助其适应不可避免的气候变化。澳大利亚还通过2亿澳元的"国际森林碳计划"参与国际缓解气候变化的努力，为降低发展中国家森林采伐和森林退化造成的温室气体排放提供支持。

森林严重退化

3.碳捕集与储存技术的推广

2010年9月陆克文总理宣布了"全球碳捕捉与储存计划",使澳大利亚对清洁煤技术的投资处于世界领先地位。这项计划包括建立一个全球碳捕集与储存中心,它将推动碳捕集与储存技术和知识在全球的推广。通过这些努力,澳大利亚希望帮助加强所有主要温室气体排放者的信心,采取有力的缓解气候变化的措施。发达国家和发展中国家团结合作,就能够改变全球温室气体排放的轨迹,把世界带向一个低碳未来。

 ## 八、拉美的生物燃料计划

目前,拉美国家正在以生物能源领先国家巴西为榜样,发挥各自优势,加紧研究开发生物燃料等石油替代能源。除乙醇生产大国巴西和阿根

巴西大规模种植甘蔗

廷以外，智利、哥伦比亚、哥斯达黎加、厄瓜多尔、牙买加、乌拉圭、古巴和秘鲁等拉美和加勒比地区国家已经开始使用或正在研发生物能源。

巴西是世界上最大的甘蔗乙醇生产和出口国，其年产量约为160亿升，其中20亿升用于出口。巴西生物燃料主要以**葵花、蓖麻、大豆和棉花**等油料作物的籽，萝卜、甜菜等植物块根以及动物脂肪作原料。据巴西农业部的统计，巴西发展生物燃料的热潮已为这个南美大国带来了**70亿美元**的投资，该数字到2010年已经达到150多亿美元。

目前巴西国内有400余个加油站销售含乙醇燃料，另外95座正在建设中。巴西政府2006年2月正式启动了全国生物柴油计划，规定在车用碳氢燃料中的乙醇含量必须达到40%，从2008年开始，**在当地销售的柴油中必须添加2%的生物柴油，到2013年，比例将提高到12%。**巴西国有石油公司去年已开始在传统的柴油中添加生物柴油。

巴西政府还专门成立了一个跨部门的委员会，**由总统府牵头、14个政府部门参加**，负责研究和制定有关生物柴油生产与**推广的政策**与措施。为了支持低碳产业的发展，巴西政府还推出了一系列金融支持政策。比如，国家经济社会开发银行推出了各种信贷优惠政策，**为生物柴油企业提供融资**。巴西中央银行设立了专项信贷资金，鼓励小农庄种植甘蔗、大豆、向日葵、油棕榈等，以满足生物柴油的原料需求。

拉美另一新能源生产大国阿根廷目前的生物燃料年产量约为5600万升。阿根廷政府2006年通过法律规定，从2010年起所有燃料中都必须包含5%的可再生能源，因此，在2007-2010年的4年内，阿根廷需要至少生产60万吨生物柴油和16万吨生物沼气。

目前拉美地区生物燃料因各国物产资源不同主要分为两种，即以甘蔗和玉米为原料的乙醇和以油料作物提取物为基础的生物柴油。乌拉圭可以依靠其畜牧业发达的优势将牛羊脂肪用作生产生物柴油的原料，而且乌拉圭燃料公司已决定投资4000万美元建一个用向日葵、甜高粱和甜菜酒为原料的乙醇生产厂和一个生物柴油厂。委内瑞拉在2007—2011年内投入9亿美元用于扩大乙醇生产所用甘蔗的种植面积。此外，古巴等加勒比岛国因盛产甘蔗而倾向于用蔗糖提炼乙醇；南美和中美洲国家，如哥伦比亚和哥斯达黎加更适合利用棕榈油、松子等发展生物柴油；智利于2008年开始生产乙醇和生物柴油；墨西哥可提炼乙醇的谷物类作物产量虽然不高，但可从近邻美国进口生产乙醇的黄玉米。

为了鼓励拉美国家发展新能源，一些地区性组织也出台了一系列新的政策和规划。美洲开发银行在2007年提出了名为"可持续能源和气候变化"的计划，增加对开发可替代能源项目的资助。

拉美在实施清洁发展机制减排项目方面也一直走在世界前列。目前，拉美温室气体减排项目主要集中在墨西哥和巴西等经

生物柴油

济大国，巴西还是建立碳交易市场的第一个发展中国家。智利、秘鲁、哥伦比亚和哥斯达黎加也非常活跃。拉美国家政府越来越重视CDM减排项目，减排项目一般由各国政府进行协调安排，并向私人投资者、地区政府和相关机构全面开放，积极推动CDM减排项目和该地区的可持续发展。

九、非洲清洁发展机制项目起步

2006年11月，时任联合国秘书长的科菲·安南发起了内罗毕框架，旨在支持未获充分开发的地区申请《京都议定书》下的清洁发展机制项目。此后，非洲国家清洁发展机制项目及其持有国的数量都有所增长，但总体而言，其所占份额仍然不足全球总量的2%。

为促进清洁发展机制项目在非洲的发展，内罗毕框架的合作伙伴联合国开发计划署、联合国环境规划署、联合国气候变化框架公约秘书处、国际排放交易协会和世界银行已于2008年在塞内加尔举办了首届非洲碳论坛。2010年，联合国培训和研究所、联合国贸易和发展协会、非洲发展银行加入了内罗毕框架。

2010年3月3—5日，第二届非洲碳论坛在肯尼亚首都内罗毕举行。来自非洲53个国家负责能源与环境的官员以及联合国有关机构的专家代表共约1000多人就如何使《京都议定书》确定的清洁发展机制在非洲获得更多支持，以及如何促进非洲低碳经济发展和可持续发展等议题展开了广泛讨论。肯尼亚总统齐贝吉在论坛开幕式上指出，非洲国家是气候变化的最大受害者之一。他呼吁非洲国家高度重视森林碳汇交易在温室气体减排方面所发挥的巨大作用。他说："非洲大陆受益于清洁发展机制最少。目前对我们来说最迫切需要仔细研究的根本障碍在非洲这些机制的制定。为了使非洲受益于庞大的全球碳市场，私营部门、私人团体和社区必须发挥重要作用。我们决不能忘记自己肩负的责任。"

联合国气候变化框架公约秘书处可持续发展机制项目主任约翰·吉拉尼在开幕式上指出，一方面，清洁发展机制可以帮助发展中国家实现可持续发展；另一方面，它可以以碳交易的形式促使发达国家加大对发展中国家的清洁能源投资，以实现《京都议定书》中发达国家帮助发展中国家实现温室气体减排的承诺。非洲国家在实现工业化的进程中，如果没有可持续的清洁能源，工业化的目标就是一个空想，因此，清洁发展机制能够反映发展中国家对清洁能源的需求。

工业废气回收处理设备

联合国环境规划署执行主任阿齐姆·施泰纳说，当前共有2060个清洁发展机制项目在全球63个国家施行，这些项目包括太阳能、风能发电，植树造林以及工业废气回收处理等，但是只有不到2%的项目是在非洲国家开展的。非洲在这方面潜力巨大。

施泰纳还高度评价中国在支持非洲开展清洁发展机制项目上所发挥的作用。施泰纳说："我认为中国和非洲在发展绿色经济和碳交易市场等领域的交流越来越广泛。中国有许多环保经验值得学习。比如，非洲国家没有雨水收集和利用技术。中国在过去的两三年大力发展公共交通，为温室气体减排做出了贡献。我希望中国能够与非洲国家开展更加紧密的合作，以帮助非洲发展绿色经济，因为这会给中非双方带来实实

在在的好处。"

　　肯尼亚总统齐贝吉强调，非洲在呼吁发达国家提供清洁发展机制项目的同时，也要建立自身应对气候变化的国家战略。他说，肯尼亚政府制定了国家气候变化应对战略，定期就气候变化对农业、工业、民生等各领域的负面影响进行评估，以尽量减少气候变化对肯尼亚经济造成损失。

发展经济注重环保

第四章

低碳经济，中国的选择

一、低碳经济在中国

2006年年底，科技部、气象局、发改委、环保总局等六部委联合发布我国第一部《气候变化国家评估报告》。

2007年6月，《中国应对气候变化国家方案》正式发布。

2007年7月，温家宝总理在两天时间里先后主持召开了国家应对气候变化及节能减排工作领导小组第一次会议和国务院会议，研究部署应对气候变化，组织落实节能减排工作。

2007年12月26日，国务院新闻办发表《中国的能源状况与政策》白皮书，着重提出能源多元化发展，并将可再生能源发展正式列为国家能源发展战略的重要组成部分。

2008年1月，清华大学率先成立"低碳经济研究院"，重点围绕低碳经济、政策及战略开展系统和深入的研究，为中国及全球经济和社会可持续发展出谋划策。

2007年9月8日，中国国家主席胡锦涛在亚太经济合作组织第15次领导人会议上，本着对人类、对未来的高度负责态度，对事关中国人民、亚太地区人民乃至全世界人民福祉的大事，郑重提出4项建议，明确主张发展低碳经济，令世人瞩目。他在这次重要讲话中提议："发展低碳经济"、研发和推广"低碳能源技术"、"增加碳汇"、"促进碳吸收技术发展"。他还提出："开展全民气候变化宣传教育，提高公众节能减排意识，让每个公民自觉为减缓和适应气候变化做出努力。"这也是对全国人

环保进行时丛书 HUANBAO JINXING SHI CONGSHU

发 展 经 济 注 重 环 保

民发出号召，提出新的要求和期待。胡锦涛主席还建议建立"亚太森林恢复与可持续管理网络"，共同促进亚太地区森林恢复和增长，减缓气候变化。

同月，科学技术部部长万钢在2007中国科协年会上呼吁大力发展低碳经济。

继续发展低碳经济

2008年"两会"，全国政协委员吴晓青将"低碳经济"提到议题上来。他认为，中国能否在未来几十年里走到世界的前列，很大程度上取决于应对低碳经济发展调整的能力，中国必须尽快采取行动，积极应对挑战。他建议应尽快发展低碳经济，并着手开展技术攻关和试点研究。

2008年6月27日，胡锦涛总书记强调，必须以对中华民族和全人类长远发展高度负责的精神，充分认识应对气候变化的重要性和紧迫性，坚定不移地走可持续发展道路，采取更加有力的政策措施，全面加强应对气候变化能力建设，为我国和全球可持续发展事业不懈努力。

2010年召开的第十一届全国人民代表大会第三次会议的《政府工作报告》把"加快转变经济发展方式，调整优化经济结构"放在了重要位置，《政府工作报告》指出："打好节能减排攻坚战和持久战。一要以工业、交通、建筑为重点，大力推进节能，提高能源效率。扎实推进十大重点节能工程、千家企业节能行动和节能产品惠民工程，形成全社会节能的良好风尚。今年要新增8000万吨标准煤的节能能力。所有燃煤机组都要加快建设并运行烟气脱硫设施。二要加强环境保护。积极推进重点流域

大力发展节能工程

区域环境治理及城镇污水垃圾处理、农业面源污染治理、重金属污染综合整治等工作。新增城镇污水日处理能力1500万立方米、垃圾日处理能力6万吨。三要积极发展循环经济和节能环保产业。支持循环经济技术研发、示范推广和能力建设。抓好节能、节水、节地、节材工作。推进矿产资源综合利用、工业废物回收利用、余热余压发电和生活垃圾资源化利用。合理开发利用和保护海洋资源。四要积极应对气候变化。加强适应和减缓气候变化的能力建设。大力开发低碳技术，推广高效节能技术，积极发展新能源和可再生能源，加强智能电网建设。加快国土绿化进程，增加森林碳汇，新增造林面积不低于592万公顷。要努力建设以低碳排放为特征的产业体系和消费模式，积极参与应对气候变化国际合作，推动全球应对气候变化取得新进展。"有人做过统计，《政府工作报告》中提到调整结构、节能减排、生态建设、淘汰落后产能、清洁能源、环境保护、节能工程、循环经济、节能高效、控制排放、治理三废、新能源、节能环保、碳汇、低碳排放等与发展低碳经济有关的词句多达几十次，可见中国对低碳经济的重视程度。

二、中国发展低碳经济的必要性与紧迫性

中国是发展中大国，经济发展过分依赖化石能源资源的消耗，导致碳排放总量不断增加、环境污染日益加重等问题，已经严重影响到经济增长的质量、效益和发展的可持续性。党的十七大报告明确提出："建设生态文明，基本形成节约能源资源和保护生态环境的产业结构、增长方式、消费模式。主要污染物排放得到有效控制，生态环境质量明显改善。"因此，我国发展低碳经济除了应对气候变化等外部压力外，至少还有5个方面的内在要求。

第一，我国人均能源资源拥有量不高，探明量仅相当于世界人均水平的51%。中国拥有居世界第1位的水能资源，第3位的煤炭探明储量，第11位的石油探明储量。已探明的常规商品能源总量为1550亿吨标准煤，占世界总量的10.7%。但中国人均能源资源探明量只有135吨标准煤，相当于世界人均量的51%，其中，煤、石油和天然气分别为世界人均的70%、11%和4%；水能资源按人均量低于世界人均量。而以煤为主的能源结构在碳排放强度方面又是特别不利的。这种先天不足再加上后天的粗放利用，客观上要求我们发展低碳经济。

第二，碳排放总量突出。按照联合国通用的公式计算，碳排放总量实际上是4个因素的乘积：人口数量、人均GDP、单位GDP的能耗量、单位能耗产生的碳排放。我国人口众多，经济增长快速，能源消耗巨大，碳排放总量不可避免地逐年增大，其中还包含着出口产品的大量内涵能源。

所谓"内涵能源"，系指产品上游加工、制造、运输等全过程所消耗的总能源。鉴于中国当前的经贸结构，必然存在巨大的内涵能源出口净值。据2007年由英国政府资助廷德尔气候变化研究中心的研究，中国2004年净出口产品排放的二氧化碳约为11亿吨。中国社科院平行研究得出数值超过10亿吨，两者不谋而合。这表明，中国的一次能源消费及产生的温室气体中约有1/4是由出口产品造成的。中国社科院研究的支持者、世界自然基金会的首席代表欧达梦指出："这些数据证明了，那些享受中国制造商品的发达国家，对中国能源和排放的快速增长也负有很大责任，一味指责中国的排放是不公平的。"我们靠高碳路径生产廉价产品出口，却背上了碳排放总量大的黑锅。在一些发达国家将应对气候变化当作一个国际政治问题之后，中国发展低碳经济意义尤为重大。

第三，锁定效应的影响。在事物发展过程中，人们对初始路径和规则的选择具有依赖性，一旦做出选择，就很难改弦易辙，以至在演进过程中进入一种类似于锁定的状态，这种现象简称"锁定效应"。工业革

碳排放总量增多

环保进行时丛书
HUANBAO JINXING SHI CONGSHU

命以来，各国经济社会发展形成了对化石能源技术的严重依赖，其程度也随各国的能源消费政策而异。发达国家在后工业化时期，一些重化工等高碳产业和技术不断通过国际投资贸易渠道向发展中国家转移。中国倘若继续沿用传统技术发展高碳产业，未来需要承诺温室气体定量减排或限排义务时，就可能被这些高碳产业设施所"锁定"。因此，中国在现代化建设过程中需要认清形势，及早筹划，把握好碳预算，避免高碳产业和消费的"锁定"，努力使整个社会的生产消费系统摆脱对化石能源的过度依赖。

第四，生产的边际成本不断提高。碳减排客观上存在着边际成本与减排难度随减排量增加而增加的趋势。1980—1999年的19年间，我国能源强度年均降低了5.22%；而1980—2006年的26年间，能源强度年均降低率为3.9%。两者之差，隐含着边际成本日趋提高的事实。另外，单纯节能减排也有一定的范围所限。因此，必须从全球低碳经济发展大趋势着眼，通过转变经济增长方式和调整产业结构，把宝贵的资金及早有序地投入到未来有竞争力的低碳经济方面。

第五，碳排放空间不大。发达国家历史上人均千余吨的二氧化碳排放量大大挤压了发展中国家当今的排放空间。我们完全有理由根据"共同但有区别的责任"原则，要求发达国家履行公约规定的义务，率先减排。2006年，我国的人均用电量为2060度，低于世界平均水平，只有经合组织国家的1/4左右，不到美国的1/6。但一次性能源用量占世界的16%以上，二氧化碳排放总量超过了世界排放总量的20%，同世界人均排放量相等。这表明，我国在工业化和城市化进程中，碳排放强度偏高，而能源用量还将继续增长，碳排放空间不会很大，应该积极发展低碳经济。

三、中国向低碳经济的转型

中国向低碳经济转型主要表现在重视节能减排和应对气候变化两个方面。

第一，构思可持续发展的能源对策框架。早在1992年8月，联合国环境与发展会议结束刚2个月，中国即发布了《中国环境与发展十大对策》，其中的第4项对策是"提高能源利用效率，改善能源结构"。该项对策内容为："为履行气候公约，控制二氧化碳排放，减轻大气污染，最有效的措施是节约能源。目前，我国单位产品能耗高，节能潜力很大。因此，要提高全民节能意识，落实节能措施；逐步改变能源价格体系，实行煤炭以质定价，扩大质量差价；加快电力建设，提高煤炭转换成电能的比重；发展大机组，淘汰、改造中低压机组以节能降耗；逐步提高煤炭洗选加工比例；鼓励城市发展煤气和天然气以及集中供热、热电联产，并把优质

开发可再生能源

环保进行时丛书
HUANBAO JINXING SHI CONGSHU

发
展
经
济
注
重
环
保

煤优先供应城市民用。要逐步改变我国以煤为主的能源结构，加快水电和核电的建设，因地制宜地开发和推广太阳能、风能、地热能、潮汐能、生物质能等清洁能源。"1994年3月，国务院常务会议讨论通过的《中国21世纪议程——中国21世纪人口、环境与发展白皮书》，其中第13章"可持续的能源生产和消费"设置了4个方案领域：综合能源规划与管理；提高能源效率和节能；推广少污染的煤炭开采技术和清洁煤技术；开发利用新能源和可再生能源。

第二，坚持不懈地节能减排。节约能源是中国缓解资源约束的现实选择。中国坚持政府为主导、市场为基础、企业为主体，在全社会共同参与下，全面推进节能。国家明确了"十一五"期间节能20%的目标，主要措施是：推进结构调整，加强工业节能，正式发布实施节能工程，加强管理节能，倡导社会节能。这些措施的节能效果显著。1980—2006年，中国能源消费以年均5.6%的增长支撑了国民经济年均9.8%的增长。按2005年不变价格，万元GDP能源消耗由1980年的3.39吨标准煤下降到2006年的1.21吨标准煤，年均节能率3.9%，扭转了近年来单位GDP能源消耗上升的势头。能源加工、转换、贮运和终端利用综合效率为33%，比1980年提高了8个百分点。单位产品能耗明显下降，其中钢、水泥、大型合成氨等产品的综合能耗及供电煤耗与国际先进水平的差距不断缩小。

燃料效率更高的汽车

2007年是节能减排政策组合出台的关键年，国家采取了一系列引人注目的举措。除了全国统一行动拆毁所有燃煤小电厂和积极推动有效开发利用煤层气外，上半年还取消了553项高污染、高耗能和资源性产品的出口退税；下半年先后出台了天然气、煤炭产业政策，以推动能源产业结构优化升级，优化能源使用结构。从12月1日起，实施新修订的《外商投资产业指导目录》，明确限制或禁止高污染、高能耗、消耗资源性外资项目准入，同时进一步鼓励外资进入循环经济、可再生能源等产业。中央财政于2007年安排235亿元用于支持节能减排，力度之大，前所未有。同时，建筑物强制节能、家用电器节能标准等也正在逐步进入实施阶段。

据IEA预测，如果替代政策合理，会有良好的效果。如：仅靠对空调与冰箱实施严格的能效标准，则2020年前所节约的电量将相当于一座三峡大坝；由于能效的改进、燃料的转换以及经济结构的变化，2030年中国的一次能源需求有可能降低15%；新政策在2030年有可能削减交通用油量每天210万桶，大部分节约来自燃料效率更高的汽车；旨在加强能源安全及减排二氧化碳的政策也有助于减轻局部地区污染，如SO_2、NOx、微细颗粒物等。

第三，高度重视全球气候变化。中国在应对气候变化方面一直是负责任的。2006年12月中国发布了《气候变化国家评估报告》，该报告包括3部分：中国气候变化的科学基础，气候变化的影响与适应对策，气候变化的社会经济评价。该报告明确提出，"积极发展可再生能源技术和先进核能技术以及高效、洁净、低碳排放的煤炭利用技术，优化能源结构，减少能源消费的二氧化碳排放"。

2007年6月国家发布了《应对气候变化国家方案》，方案记述了气候

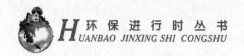

变化的影响及中国将采取的政策手段框架，内容包括转变经济增长方式，调节经济结构和能源结构，控制人口增长，开发新能源与可再生能源以及节能新技术，推进碳汇技术和其他适应技术等。为落实上述国家方案，科技部会同其他13个部门于2007年6月联合发布了《应对气候变化科技专项行动》，明确了重要任务为气候变化的科学问题，控制温室气体排放和减缓气候变化的技术开发，适应气候变化的技术和措施，应对气候变化的重大战略与政策。

2007年8月，国家发改委发布了《可再生能源中长期发展规划》，可再生能源占能源消费总量的比例将从当时的7%大幅增加到2010年的10%和2020年的15%；优先开发水力和风力作为可再生能源；为达到此目标，到2020年共需投资2万亿元；国家将出台各种税收和财政激励措施，包括补贴和税收减免，还将出台市场导向的优惠政策，包括设定可再生能源发电的较高售价。国家发改委还于2007年10月发布了中国《核电中长期规划》。目前核电占中国装机容量的1.6%，2020年规划目标是占4%。

同时，未来新能源的研发也在加快步伐。例如，同济大学研制的第4代燃料电池汽车已于2007年亮相。氢燃料电池自行车也在上海上市。该车现售2万元，大量生产后，可降低4000元，比目前的铅蓄电池电动车有竞争力。

第四，确立转向低碳的中国能源战略。2007年末的能源白皮书把中国能源战略概括为：坚持节约优先，立足国内、多元发展依靠科技、保护环境，加强国际互利合作，努力构筑稳定、经济、清洁、安全的能源供应体系，以能源的可持续发展支持经济社会的可持续发展。

四、中国低碳技术创新发展的重点领域

在后危机时代，调整经济结构不仅势在必行，而且刻不容缓，并且需要结合应对全球气候变化的时势特征，向有别于传统实体经济的新经济形态转型——发展低碳技术，绿色的低碳技术研发成为一个突破口。尤其对中国而言，发展低碳技术，顺应世界潮流，合乎中国国情，是全面贯彻落实科学发展观，实现可持续发展的必由之路。

发展低碳技术要靠自主创新，这给我们的企业带来短期压力的同时也意味着给企业带来长期广阔的市场机遇。在发达国家，很多企业都制定了减排目标，尽量采取措施使产品的二氧

受欢迎的低碳家具

化碳含量降低。企业更多地采用低碳技术，生产低碳产品，使碳含量高的产品竞争力下降。如果我们的企业尽早在这方面下工夫，就会提早适应国际市场的竞争形势，为企业实施"走出去"战略、提升在国际市场中的竞争力奠定基础。

我国低碳技术的发展不能照搬发达国家的模式，而应该建立一套合理

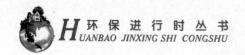
自主的中国模式。应紧紧把握低碳产业发展方向，抢占低碳产业制高点，从产业前端定位，积极培育低碳产业集群的企业联合发展、各自发挥优势的新型模式，鼓励低碳产业整合运营和低碳技术的系统集成，通过企业集群的整合能力带动低碳生态城市的建设，从而全面推进中国低碳经济的可持续发展。同时我们要重视和引导自主品牌在低碳产业中发挥作用。整合运营与系统集成是实现低碳产业规模化发展的关键。在低碳产业中，从单项技术上讲，某项产品产业链的每个环节上，技术的难题已基本攻克。但具体到集成化应用，却难见成功的案例，头疼医头、脚疼医脚还是普遍现象。这是因为目前的低碳产业还仅仅停留在内部技术整合阶段，缺乏整套综合的解决方案。因此，低碳产业要想与传统产业实现无缝对接，就必须跨出内部整合的阶段，开始着手外部整合的工作。低碳产业涉及的领域众多，只有从规划入手，通过整合运营，提供低碳产业集成应用方案，才能全面推广。

事实上中国与国外的低碳技术差距并非想象中那么大。中国在发展低碳技术方面有一些有利条件，很多领域与发达国家同步研发，如新能源技术，有些技术还处于国际先进地位，如超临界技术、汽车节能技术、水电技术。当然也有一些技术我国还比较落后，如风机的变频技术和核电技术等。至于哪些低碳技术能够引领未来，现在还无法做出判断。专家指出，这

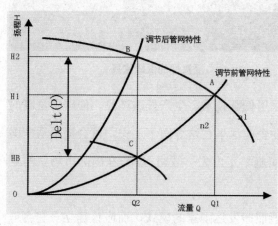

风机的变频技术

可能需要通过技术之间的竞争。技术上谁先突破，并能够被普遍应用，谁就成为主导。太阳能被认为是取之不尽、用之不竭的清洁能源，如果技术发展到可以令成本很快降下来，会非常具有竞争力。

相比发达国家发展低碳经济着力于减少居民生活消费的碳排放，使社会生活低碳化，中国发展低碳经济，则应该将着力点放在产业经济部门，使产业经济低碳化。鉴于此，中国的低碳经济不仅包含新兴产业的培育和发展，也包含对传统产业的改造和提升，它涵盖了国民经济的方方面面，包括服务业和我们的衣食住行。发展低碳经济首先强调的是节能减排；其次是循环经济的发展；第三是新能源产业的发展，增加清洁能源的比重。

发展低碳新能源应从中国实际出发，跟踪和研究国内外低碳技术与产品、低碳产业、低碳经济的前沿动态和成功做法，低、中、高并举，以中端技术产品的开发和产业化为重点，致力于做大一批产业，做强一批重点企业，夯实低碳经济发展的基础。

一是发展太阳能光伏产业和生物质能源产业。目前，我国太阳能光伏产业规模不小，但技术和市场在外，国内市场尚未实质性启动，要抓住现有的技术优势，以产业较为集中的区域为重点，攻克核心技术，突破晶硅准入门

先进的节水设施

槛的限制，推进其产业化、市场化；同时，下大力气推动生物质能源的产业化。

二是大力推进低碳共性技术的研发，培育共性技术产业。突破流程工业的低碳共性技术瓶颈意义重大，市场前景广阔。目前，应安排重点技术攻关，对具有市场前景的共性技术产品加大产业化推广力度。

三是重视智能电网改造，打造超导电网产业高地。重视国内已启动的电网改造工程，着手在电网改造中占据先机，抢占制高点。在发电、输电、配电、用电等环节的新技术研发与应用方面，重拳出击，攻克关键技术，整合多种发电技术和储能设施，加速培育龙头企业，推动其产业化，占领市场。同时，要瞄准下一代电网——超导电网进行技术研发与攻关。

低碳技术具体到社会生活中，我们可以有计划、有步骤地采取以下措施。

首先要大力推行"低碳家庭"计划。我国拥有3.5亿个家庭，如何使他们也能享受到低碳产业、低碳经济带来的实惠更为重要。应建立和推广"低碳家庭计划"，因地制宜地鼓励太阳能光热、光电、生物质能、沼气能等在家庭中的使用，鼓励使用节能灯具、节水设施和垃圾处理设施。应特别鼓励太阳能热水系统等成熟技术在家庭中的广泛使用。

其次要积极发展以太阳能光热技术为主的太阳能建筑。具有自主知识产权，价格相对低廉的太阳能热水系统应成为目前我国清洁能源应用的先行者。太阳能光热技术在城市中的规模化应用已经得到广泛的认可，全国大部分城市都已经出台了太阳能光热应用的实施意见，配套技术和标准也比较规范。以光热技术为主，光伏和其他节能技术为辅与建筑全方位结合的计划，将对传统建筑行业，特别是建材及建筑构件带来一次彻底的革新和观念的转变。

再次要鼓励低碳产业集群化发展模式。在生态城市建设中，新能源、低碳建筑、节能减排、环境治理等一批核心技术目前已经有所突破，产业化推广迫在眉睫。在采用适合中国国情的产业化推广技术的基础上，低碳产业只有以全方位、全过程和整体解决方案来满足生态城市建设的高标准需要，改变以往低端的产品供应模式才是制胜之道。应当鼓励发展一批以市场化运作为基础，以低碳技术集成应用为目标，以增值服务为核心的企业联合体，充分共享多种资源，形成集成供应链，从而有效解决当前国家提的建设节约型社会、实现节能减排的根本目标。

最后要大力推广成熟可靠的低碳技术服务、低碳生态城市建设。已经成熟的太阳能光热技术和高速发展的太阳能光电技术是低碳生态城建设中可以与建筑结合的技术。与建筑相结合的分布式能源系统也是我们国家一直倡导的"统筹规划、多能互补、因地制宜、注重实效、综合应用"的新能源集成解决方案。也就是在一个小区内，把太阳能、风能、地热能、沼气能等组合在一起，形成一个内部的可再生能源网络，使其从能源消费场所转变成为能源的生产体，把依赖大电网的能源供给减少到最低程度。

垃圾分类收集与循环利用技术是其中重要的一环。

生活垃圾应该强调从源头处理，走减量化、再利

垃圾分类收集

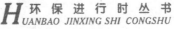

第四章 低碳经济，中国的选择

发
展
经
济
注
重
环
保

用、循环经济的道路。建筑垃圾应通过垃圾资源化实现高效处理、再生利用。建立建筑能耗动态监测评价系统，使我们能够动态、实时地观察和控制这些建筑的能耗情况，并能针对性地解决某些超耗能建筑的问题。

 ## 五、中国低碳能源发展的战略重点

1.优先发展太阳能

太阳能具有能量大、利用范围广、清洁安全等优点。近年我国太阳能产业发展迅猛。截至2007年底，全国推广农村太阳能热水器4286万平方米、太阳房1468万平方米、太阳灶112万台。为促进太阳能热水器行业的健康发展，国家发展和改革委员会等有关部门近年将这一产业的能效标志制定工作提上了议事日程，由中国标准化研究院和太阳能利用专业委员会共同主持该项目标准的制定工作。根据国家太阳能新能源产业振兴和发展规划，10年后太阳能产业的装机容量目标为180万千瓦。这个数目标志着2020年，我国太阳能产业产能在我国能源结构中将占据很大的一部分。太阳能光伏发电产业规划2010年的光伏装机容量300兆瓦，2020年达到1.8吉瓦，2030年达到10吉瓦以及2050年要达到100吉瓦。

国家对太阳能产业的发展也制订了一系列的有效措施。一是因地制宜，加快我国太阳能光伏发电系统的安装。中国政府根据不同区域的特点，加快规划和推进太阳能光伏发电系统安装。在太阳能丰富的城市，效仿发达国家的经验，大力推进"屋顶工程"，利用建筑物屋顶和墙壁，建设分散式的并网光伏发电系统。在太阳能资源丰富的边远地区，建设小型离网式太阳能光伏系统，解决当地居民的用电问题。二是制定太阳能上网电价等政策实施细则，实施法制管理。虽然太阳能光伏发电技术取得了很大的进步，但作为一种新能源，太阳能光伏发电的度电成本与火电相比还存在较大差距。2006年1月1日，我国开始施行的《中华人民共和国可再生能源法》为太阳能光伏发电等可再生能源的入网提供了法律依据，这大大促进了太阳能产业的发展。三是加速研发与应用人才培养和可再生能源领域的国际合作。此外国家政策为太阳能开发构建了一个良好的外部发展环境。价格方面，加大资金投入，引进高科技的人才和设备。国内大力支持太阳能产业的发展，包括技术创新和人才的培养。电价补贴、税收补贴、所得税补贴都在一定程度上支持了太阳能产业，如太阳能光伏产业的发展。

利用太阳能的重点是太阳能光伏发电产业，国家应从以下几个方面进行突破。一是国家加强对该产业的整体规划和布局，立足全球视角，从国家能源发展战略的高度，制订一套完整成熟的产业发展计

太阳能

划路线。二是大力发展太阳能热利用产业集群，扩大太阳能发展规模。三是培育完整的产业链体系，积极进行技术创新，提升自身的市场竞争力，缩短与发达国家的技术差距。四是构筑国际技术、人才的合作平台，积极

环保进行时丛书
HUANBAO JINXING SHI CONGSHU

参与国际竞争，推进产业基地及产业联盟融入世界，提升产业的国际竞争力。

2.大力发展风能

风能技术发展较成熟，在再生能源中所占份额较大，更为人们所青睐。大力发展可再生能源，尤其是大规模风力发电是我国能源系统的重要发展趋势之一。

在国家政策的大力支持下，我国各地正兴起风电建设热潮。合理开发风力发电，可以有效缓解各省水电丰枯矛盾，实现风电水电互补。而且风电是环保型能源，没有废气排放，且建设周期短，见效快。因此，大力发展风力发电大有可为。

目前，国家能源局发展规划司正在牵头组织制订有关新能源产业振兴的规划，加快推进新能源产业的发展。国务院已同意国家发改委《关于加快培育战略性新兴产业有关意见的报告》，对加快培育包括航天产业在

积极开发利用风能

发展经济注重环保

内的战略性新兴产业作出了总体部署。国家大力支持风能产业的发展，短时间内出台了一系列鼓励风电行业的政策。其中包括强化新能源及设备的核心技术研发，建立国家风电研究中心和国家级风电工程技术研发中心，完善标准和检测认证等技术管理体系，建设风电设备检测验证研究中心。除了在宏观发展规划中为风电发展设定了发展目标外，降低风电价格、支持风电设备的国产化、保障风电并网是其最主要内容。同时，国家为鼓励风能产业的发展，在价格、税收和政府补贴方面都做了很大力度的支持。在价格方面，政府从原先的审批电价到积极促进风能发电项目的上网电价按照招标的形式形成价格的方式转变。

以特许权招标价格政策为标志，从2003到现在，风电电价出现招标电价和审批电价并存的局面，即国家组织的大型风电场采用招标的方式确定电价，而在省区级项目审批范围内的项目仍采用审批电价的方式。这样的制度设置在一定的程度上推进了风能产业的发展。投资方面，国家相比往年的投资力度在加大，在《关于进一步支持可再生能源发展有关问题的报告》中，可再生能源发现项目由银行优先安排基本建设贷款。而利息与其他行业比会有一定的优惠，一律实行"先付后贴"的办法。贷款的还款日期也可由银行同意适当宽限。风电多元投资也得到了国家的积极支持。风力发电具有规模较小、适合分散投资等特点，应出台相关政策，允许其投资多元化。

此外，大力吸收先进风力发电技术——尤其是磁悬浮风力发电技术，在引进专业技术人才的同时，也大力培养国内的专业人才。在新能源领域将风能的发展置于一个相当重要的地位。在新能源产业的各子行业中，风电将是未来的发展重点。

第四章 低碳经济，中国的选择

3.积极发展核能

核能发电厂

核能是一种安全、清洁、可靠的经济能源。与火电相比，核电不排放二氧化碳、二氧化硫、烟尘等氮氧化物。对于缺煤、少油、乏气的湖北来说，发展核电的经济意义更为显著。目前，核电已成为一种成熟技术，在世界上得到广泛应用，核电在世界能源结构中居于重要地位。据有关资料统计，核电年发电量已占到世界发电总量的17%左右。

长期以来，中国政府一直强调要"有限"发展核电产业，可是从2003年以来，中国出现了全面性能源紧张。在这种情况下，国内关于大力发展核电产业的呼声日益强烈，政府对这一呼应做出了一些积极的回应，对核电的发展已经开始放宽政策。

国家发改委正在制订核电发展民用工业规划，准备到2020年电力总装机容量预计为9亿千瓦时，核电的比重将占电力总容量的4%，即核电在2020年时将为3600~4000万千瓦。也就是说，到2020年中国将建成40座相当于大亚湾那样的百万千瓦级的核电站。

从核电发展总趋势来看，核电发展的技术路线和战略路线早已明确并正在执行，当前发展压水堆，中期发展快中子堆，远期发展聚变堆。根据国家新能源产业振兴和发展规划，在核能发电方面，规划规模将为8600

万千瓦。为达到这一目标，我们要做的还是要从技术上着眼，加大政府投资，出台积极有效的政策来刺激核能产业的发展。此外，加强国际合作也是推动核电发展的重要手段之一。法国，作为核电的发展大国，在核电领域有着丰富的经验和优秀的人才，我国应大力引进这些人才到我国的核电产业领域，培养一大批研究开发人才，为推动核能产业的发展提供一个良好的人才储备。

4.稳步发展水能

随着我国技术和经济实力的提升以及市场的需求，可开发的水能资源还有进一步增加的空间。如西藏的雅鲁藏布江流域拥有丰富的水能资源，其理论蕴藏量为1.6亿千瓦，占全国水能资源蕴藏量的23%，而在复查成果中，列为经济可开发的仅为0.26亿千瓦，严重受输出工程所在地形、地理位置限制的影响，如果在输电工程技术上有所突破，其水能资源的经济可开发量必然会有所增大。我国的水能利用程度还远低于世界工业化国家。截至2008年年底，我国技术可开发水能资源利用率为26%，而美国技术可开发的利用率为67.4%，法国为96.9%，加拿大为38.6%，日本为66.6%。一个国家的水能利用水平由该国能源资源的总体结构决定，中国在常规的石化能源相对贫乏的情况下，充分利用水能资源是毋庸

稳定发展水能，图为水电站

 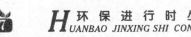

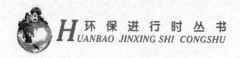

置疑的。

近年来国家对水能发电也出台了相应的政策支持，原国家经贸委每年可提供1.2亿元的专项资金用于可再生能源产业的发展，其中水能占其重要的一部分。水利部有约3亿元的贴息贷款用于小水电的发展。政府还在农村大力推广小水电等示范工程的建立，扶持边远乡镇水能产业的开发，解决当地的用电问题。

生物质能发电流程图

重视水能的开发，主要还是要从以下几个方面着手：一是水能开发的投资，积极建立稳妥的政策来促进水电开发。二是重视水能开发和生态环境的关系。开发利用水能资源的过程中遵循自然规律，改善和保护人类可持续发展的环境、保护和改善良好的生态、保护生物多样性、保护水质和大气、保护植被，真正做到在保护中开发，在开发中保护。三是重视地质结构对水电工程的影响。水坝工程只要做到精心设计、优质施工，完全可以在地质构造复杂的地区进行开发建设。四是技术创新和科技人才的引进。从国内看，目前在技术上的储备是不够的，缺乏从理论到实践的经验。只有加强科学研究，提高研究水平，培养更多的创新型人才才是开发水能的重要途径。

5.加快发展生物质能

生物质能是唯一可以转化为液体燃料的可再生能源，它不仅具有能源功能，而且还有其他可再生能源不具备的材料功能，同时，还具有生态保护功能。我国在2007年的《可再生能源中长期发展规划》中提到，到2020年，生物质发电总装机容量要达到3000万千瓦，生物燃料乙醇年利用量达到1000万吨，生物柴油年利用量达到200万吨。即15年间，生物质发电、燃料乙醇、生物柴油年均增速分别达93%、59%和2.6倍。达到这些目标的同时，中国会坚持生物燃料的发展不和民争粮，不和粮争地。同时，甜高粱、小桐子，还有文冠果等以非粮原料生产燃料乙醇的技术已初步具备商业化发展条件；吉林燃料乙醇公司已开始用秸秆和甜高粱等非粮作物加工燃料乙醇的尝试。

国家还将对可再生能源技术研发、设备制造等给予适当的税收优惠。力争到2020年，形成以自有知识产权为主的国内生物质能源装备能力。我国将加快可再生能源电力建设步伐，到2020年建成生物质发电3000万千瓦。产能方面，继续推广户用沼气和畜禽养殖场沼气工程，加快生物质成型燃料的推广应用，到2020年，实现沼气年利用440亿立方米、生物质成型燃料5000万吨。积极发展非粮生物液体燃料，到2020年形成年替代1000万吨石油的能力。

为推进我国生物质能的开发和利用，一是要尽快制定扶持生物质能源的优惠政策，包括支持公司和农户开发改造能源林规模等；二是争取国家能源林基地建设财政补贴；三是建立融资平台，多渠道筹措生物质能源产业发展资金；四是加大生物质能源研发投入。

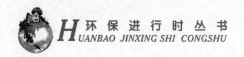
发
展
经
济
注
重
环
保

 六、中国推动低碳能源的新举措

中国发展低碳能源发展的措施可以从技术创新、产业创新、商业模式创新、国际合作以及人才和资本等方面寻求突破，并坚持高起点，坚持发挥自身优势，坚持自主创新。

1.突出技术创新特色，通过技术引领低碳能源产业发展。

目前低碳能源投资升温且存在一哄而上的问题，但只要有核心技术，就有巨大的成本优势。中国在低碳能源领域的创新资源十分丰富，依靠自主创新，通过技术跨越，就能在低碳能源产业发展竞争中后来居上。

(1)太阳能光伏的技术跨越。中国太阳能光伏产业要努力争取在核心技术上有所突破。多晶硅是太阳能光伏产业的核心，其技术路线有多种。目

风电设备

前世界多数国家采用的是改良西门子法，这一技术能耗高、生产成本高，正逐步被能耗低、成本低的流化床法、冶金法替代。中国发展光伏产业应立足高起点，在下一代生产技术上突

破，积极研发或引进冶金法、薄膜太阳能光伏等技术、工艺和设备，并力争尽早实现大规模产业化，将生产成本降低60%以上，通过技术的突破创造竞争优势。

（2）风电装备的技术跨越。目前，全国的风电装备产业发展强劲，但是大多是技术引进、技术许可方式，不具备核心技术。中国应在引进国外先进技术的同时，加强消化吸收再创新，形成自主知识产权的核心技术。当前，国内主流的风电机组是1.5兆瓦，国外是3兆瓦以上，全国各市可以跨越上述技术，自主或与国外公司合作研发4兆瓦以上风电机组及控制系统，以便在激烈的竞争中脱颖而出。

2.突出优势领域，通过重点项目和企业引领低碳能源产业发展。

在多功能燃料电池电源、汽车节能减排等项目建设方面，中国的一些企业已经走在了世界的前列。中国应充分发挥这方面的优势，重点扶持低碳能源汽车的研发，努力打造世界知名的减排节能和多燃料动力的汽车生产企业。在这方面国家在"十二五"规划中也做了一些重要的指示，如加大新能源动力汽车的研发，加强节能、新能源汽车示范推广的示范工作，完善汽车的技术标准和检测技术等。

在培育我国低碳能源企业方面国家也给予了大力的政策和资金的支持。目前，国内外在低碳能源及环保产业领域的竞争极为激烈，中国要想在竞争中赢得主动，应学习借鉴外国政府支持大企业、大力发展信息产业的经验，凭借政府的强力支持，努力培育一批国际领先的低碳能源龙头企业。在风电领域，重点扶持大中型国有电力企业发展风电装备，建设风能电厂，开展风电运营。在太阳能光伏领域，加大资金投入力度，并创造条

件，争取外国太阳能行业的领军企业在中国设立研发中心、运营中心。在生物质能领域，重点扶持凯迪电力、三峡低碳能源等龙头企业。尽力解决这些企业配套的木本油料生产基地建设、秸秆稳定供应、低碳能源指标及价格补贴、电力上网等问题。在LED领域，重点是大力进行技术的改革和创新，通过政府采购，培育LED市场。在冶金节能领域，重点扶持国家重点科技园，解决企业建设专业园区的土地供应、产业资金补贴等问题。在水泥及建材节能领域，重点扶持企业开发节能技术，并对外提供节能技术服务。在石化节能领域，大力支持中石化在全国的发展，争取中石化建设低碳能源与节能研发中心，大力发展石化节能技术，支持全国石化城建设。在低碳能源汽车领域，重点支持汽车及配套的零部件企业，首先在公交领域加大低碳能源汽车的示范推广力度，同时，对政府部门的车辆采购，要重点向大型汽车企业的低碳能源汽车倾斜。在核能领域，重点支持国家级的核能发电企业，尽快多建大型核电站来满足我国的供电需求。

除了要建立重点项目和企业外，也要高度重视央企和地方国资作用，引导其参与国家的低碳能源产业基地建设。能源行业的垄断性强、国家干预性强。河北保定的中国电谷，就是依靠中航集团、中国兵器集团等几家

大型核电站

央企建设起来的。目前，全国130多家央企中，进入低碳能源领域的有30多家。要积极争取中国三峡总公司、国家电网公司、中电投、华电、中石油、中石化等央企在全国范围内建

设低碳能源的研发、生产基地。2007年，三峡总公司已经把发展海上风电装备、海上和陆上风电场、生物质能等低碳能源作为重点。要充分发挥地方国资的作用，促进其在战略调整中，将低碳能源作为投资的重点，争取设立低碳能源投资公司、低碳能源发展公司；各省能源集团要实现向低碳能源的战略转变，适当控制火电发展，集中力量发展可再生能源，争取尽快成为全国低碳能源企业的龙头。

政府扶持要把握以下关键点：一是营造低碳能源企业成长的良好竞争环境，重点解决国际、国内传统能源巨头对低碳能源公司发展空间的战略挤压、恶性竞争。二是培育低碳能源市场。即逐步建立、健全有利于低碳能源产业发展的市场体系。三是为低碳能源产业发展提供政策支持。目前，低碳能源产业成本较高，但具有低污染、可再生、可持续的特点，政府应对低碳能源产业给予适当的减税或财政补助等政策支持。

3.突出运营模式和商务模式创新，通过服务创新拓展低碳能源发展空间。

中国应大力支持一批低碳能源产业，凭借其技术服务的先入和运营模式的优势，拓展产业发展空间，抢占国内外市场。在核能领域，中国在核电技术运行服务方面优势明显。核动力运行技术服务业前景广阔，保守估计2015年市场总额将超过100亿元。

光电建筑

环保进行时丛书 HUANBAO JINXING SHI CONGSHU

发
展
经
济
注
重
环
保

中核武汉核电运行技术股份有限公司是目前国内规模最大、实力最强的专业化公司，其核电无损检测技术、核电仿真技术、核蒸汽发生器设计实验与维修技术和服务处于国际领先地位，具有较强的竞争力。在低碳能源电站运营方面，中国的一些企业已有10多种生物质能发电场并网发电，此外还要加强风电场、太阳能光伏电场运营商的培育，力争在低碳能源电站运营方面有新的突破，更要着眼未来的太阳能产业发展，瞄准光电建筑一体化市场，加大自主研发，提升竞争力，扩大发展空间。

4.建设国家低碳源技术与产业国际合作基地，打造低碳能源发展的示范区。

目前，全球的能源巨头、汽车巨头、装备巨头，如美孚、西门子、通用电气、通用汽车等公司，正在围绕低碳能源进行业务转型。为抓住这有利机遇，政府应出台相应的优惠政策，酌情选择其中若干跨国公司进行招商，合力建设国家低碳能源技术与产业国际合作基地，并将基地纳入国家各类低碳能源国际合作规划。同时还应解放思想，大胆借鉴中国、新加坡合作的苏州新加坡园区、天津环保生态城的做法，在全国范围内建立低碳能源合作园区，积极争取台资、港资参与国家低碳型社会的建设，加强与高科技企业的沟通，促进其在科技高新区建设LED等节能产业和项目的基础上，进一步扩大、深化在低碳能源领域的合作，努力建设国际低碳能源发展示范基地。

5.加大融智、融资力度，充分利用全球资源发展低碳能源。

加大领军人才的培养和引进力度。通过重大人才措施的实施，加快人才的引进步伐。对引进的高级人才和技术领军人物要尽力为他们营造良好的工作、生活环境；对创业领军人物和团队要提供资金支持和各种便捷服务；对以国际合作方式引进和培养人才的教研机构给予补贴和政策优惠，以迅速壮大中国低碳能源产业的技术力量。

加快碳金融市场的建立和完善，为低碳能源产业发展提供充足的资本和多样化的融资渠道。碳金融是随着低碳经济发展而产生的一个新型的金融市场，其主要业务就是服务于限制温室气体排放，包括直接投融资、碳指标交易和银行贷款等。近几年，碳金融业务发展势头迅猛，市场前景广阔，为我国和世界的低碳经济发展提供了一个良好的融资渠道和资金保证。同样，发展低碳能源产业也离不开碳金融业的发展，可以说碳金融业发展的好坏直接关乎低碳能源产业的发展程度、发展速度甚至是发展成败。大力发展碳金融业，对于我国拓宽低碳能源产业的融资渠道，加大低碳能源产业的资金投入、减少资金给产业发展带来的波动，积极参与世界的碳排放权交易和用资金支持我国低碳能源产业的发展以及吸引个人进行低碳能源产业的投

加快发展低碳能源产业

资，都有着极其重要的意义。

此外，政府对低碳能源技术的投入也一直是巨大的。在目前投入几百个亿的专项资金同时，预计今后10年国家低碳能源产业的投资将高达4.5万亿元。这些专项资金的投入必将会起到四两拨千斤的作用，有力地推动低碳能源产业的突破性发展。

七、中国低碳经济的发展战略

对发达工业化国家而言，当发展阶段到了能源消费相对成熟、高能耗工业逐渐移出时，碳排放强度才会逐渐下降。故其向低碳经济转型的起点是从后工业化社会开始，主要任务是减排温室气体，实现能源安全，建立新的竞争优势与经济增长点。而我国是一个发展中大国，能源需求正在急剧增长，发展低碳经济的起点和任务与发达国家截然不同，我国不仅要节能减排，还要加快发展，必须在加快实现工业化、城市化和现代化的进程中走出一条发展低碳经济的新路。

在战略取向方面，我国的低碳发展宜采取既基于国情又符合世界发展趋势的渐进式路径，制定清晰的阶段目标和可行的优先行动计划。一是把低碳化作为国家经济社会发展的战略目标之一，并把相关指标整合到各项规划与政策中去，结合各地实际情况，探求不同地区的低碳发展模式，努力控制碳排放的增长率。二是在可持续发展前提下，把低碳发展作为建设"两型"社会和创新型国家的重点内容，纳入到新型工业化和城镇化的具体实践中。三是利用国际后金融危机的契机，充分利用碳减排、能源安全和环境保护的先进技术，不断提高我国低碳技术与产品的竞争力，减少潜在的"碳锁定"影响，逐步向低碳转型，实现跨越式发展。四是积极参与国际上关于低碳能源和低碳能源技术的交流与合作，引进国外先进理念、技术和资金，通过新的国际合作模式和体制创新，促进生产与消费模式的转变。我国发展低碳经济，在积极开展国际合作的同时，最终主要还是要靠自己。五是积极参与气候变化国际谈判和低碳规则的制定，为我国争取合理的发展空间。通过承诺符合国情与实际能力的自愿减缓行动，提升负责任大国的国际形象。同时，坚持要求发达国家率先大幅度减排，并建立"可计量、可报告、可核实"的技术转让与资金支持新机制。

在战略目标方面，据国内多家权威机构研究，到2020年，我国单位GDP的二氧化碳排放量有可能实现显著降低。如能在有效的国际技术转让和资金支持下，采取严格的节能减排技术和相应的政策措施，中国的碳排放有可能在2030—2040年达到峰值之后进入稳定和下降期。

在战略重点方面，走低碳发展道路，必须结合国内优先战略发展目标和各行业自身特点，把握好低碳重点领域，以尽可能低的经济成本和碳排放量，获取最大的整体效益，逐步实现整个国民经济低碳化。重点包括

快速发展节能减排工程

6个方面：(1)工业生产、交通和建筑领域。开展高能耗行业的能效达标管理，淘汰重点用能部门的落后产能和强化新建项目的能效监管，努力获得低碳产品和低碳技术的国际竞争力。(2)工业化和城市化进程中，要以低能耗、高能效和低碳排放的方式完成大规模基础设施建设。(3)优先部署以煤的气化为龙头的多联产技术系统开发、示范和整体煤气化联合循环技术等先进发电技术的商业化，开发新能源汽车和新型节能建筑，总结推广最佳实践技术，探索碳捕集与封存技术的可行性，在煤炭清洁利用等相关领域达到国际领先水平。(4)加快进口和利用优质油气资源，探索可再生能源在国家能源系统中的优化配置模式，建立健全多元化的能源供应体系，转变能源结构，改善能源服务。(5)深入研究农田、草地、森林生态系统的固碳作用，通过生物和生态固碳，减缓气候变化。(6)加强适应气候变化的策略研究和能力建设。

第五章

低碳经济：民众掌控未来

一、"奢靡"的高碳消费

1.不良的消费习惯

人类生活有时充满着矛盾。一方面我们在辛苦地创造财富，另一方面我们又肆意地浪费财富。许多人对此还不以为然，认为不过是小事一桩，甚至极力倡导那种毫无意义的"高消费"，殊不知这其实是一种极其愚蠢的对人类劳动价值的自我否定。

随着物质财富的不断增加，人们对生活质量的要求也越来越高，从而引起消费观念的变化，消费方式逐渐转向享受型。崇尚享受主义的新富

时尚旅游

 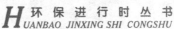

阶层们沉溺于奢侈品的夸耀性消费，试图构建区别于其他群体的生活方式和交往圈子，让奢侈品的社会身份符号价值发挥到极致。人们在买车、买房、旅游、留学、办公司、买股票和子女教育等方面的支出逐年增加。

丰裕时代的消费群体出现了一些不良的消费习惯，比如出于面子需要和攀比心理所导致的炫耀性消费、超前消费和过度消费等。这些意在用消费活动作为社会地位或精神品位标签的消费方式，一定程度上是从匮乏社会走向富裕社会过程中独特的消费心理产物。然而，奢侈的消费在给经济社会带来负面效益的同时，也给环境增加了许多重荷，更不利于人们健康消费观念和人类美好心灵的重塑。

2.传统消费的奢靡

社会的资源、环境和生态压力已沉重不堪，奢侈消费是不可持续的消费。奢侈性消费会带来生态系统的灾难，给人类健康造成严重的危害；而且，对奢侈性消费方式的向往和追求，也使得人们只注重追求眼前的物质享受，使人沦为物质消费的奴隶。

(1)满汉全席：吃的尽是奢华

满汉全席是中国一种具有浓郁民族特色的巨型宴席，然而在物欲横流的今天，满汉全席却成为一种极尽奢华的餐饮消费。2003年1月6日，曾有12位客人，一餐就吃掉了36万多元的满汉全席，其中一瓶酒的价格是3.2万多元。"一掌定乾坤"、"佛跳墙"、"彩蝶戏牡丹"、"中华宝鼎"等一道道罕见的满汉全席佳肴，其昂贵的价格是常人不敢企及的。

(2)悍马：奢侈消费的符号

在过去的某一时代许多人都为一种汽车而疯狂，它是新的身份象征，它是财富与奢华的终极代言词。悍马，引领了一个超越理性的消费时代，成为奢侈消费的典型符号。就连大牌明星施瓦辛格也被悍马奢华的形象和狂野的风

悍马

格所吸引，成为民用悍马车的第一个拥有者。在这位影坛巨星的推动下，改型后的悍马车进入民用市场，这种耗油惊人的"恐龙车"一度风靡美国。

悍马的备受追捧，彰显了奢侈消费的狂热；然而，当理性归来，悍马却成为油价飞涨之前无节制消费的缩影，代表了一段奢华的终结。悍马高排放、高油耗的特点使其成为有名的"油老虎"。悍马H2系列的每千米耗油达到近0.2升，二氧化碳的排放值是每千米412克，约是普通汽车的2倍。盲目的"悍马梦"不知给环境造成了多少额外负担。

施瓦辛格说："我曾是悍马的忠实粉丝，但是悍马车每升汽油只能跑两千米多，这是远远不够的……"变身为加州州长后，施瓦辛格积极倡导新能源政策和环保理念，极力在公众中树立"环保州长"的形象，家中大部分悍马车已经变卖，保留的一辆悍马车则被改造成可使用生物燃料的新能源车。

二、低碳消费新时尚

1.返璞归真

那么，当下人们的生活到底应该奉行怎样的消费观念呢？消费主义奢靡的价值观与当下日益紧张的生态环境约束相违背。人们其实已经开始意识到并试图有所改变。我们看到，北欧简约主义的设计理念，日本"有你可乐"的生产理念，折扣店和单品管理等新型营销理念正在悄然兴起。

人类经济的发展，本质上就是与地球大自然系统的物质变换的过程，人类不断地从大自然取得物质资料，以满足自己的需要，尔后又不断将废物排放到大自然，经过大自然的净化作用，重新转化为自然物质。所以人类经济发展是源于自然又归于自然的。但是，自然资源并不是无限的，人类与自然的物质变换过程必须建立在平衡的基础上。人类的物质消费活动不能超过自然的消化再生能力，必须返璞归真，遵从自然规律，这才是低碳消费最朴素的思想起源。

低碳化消费返璞归真，是一种超越了工业文明的生态文明生活方式，它认为消费是为了满足生活的需要，追求人和自然之间、人与社会之间、人与人之间和谐相处的生活方式；做到基本消费适量，舒适性消费适度，不把身心的愉悦建立在消费的感官刺激上，反对奢华和铺张浪费的生活方式。近二三十年来，低碳绿色消费迅速成为世界各国人们追求的新时尚。

2.地球村的低碳族

也许你尚未熟悉在哥本哈根召开的联合国气候变化大会，但电影《2012》里那些惊心动魄的画面总有一幕会令你有所触动。作为地球村一员的我们，到底能为环保做些什么？当"绿色消费，低碳生活"的清新潮流侵袭全球时，成为低碳达人也不知不觉中成了一种时尚。或许很快，我们身边的众多人都会成为"低碳族"一员。

有一位低碳达人如此描述他的生活："平时，我会选择在网上进行银行业务和账单操作，方便快捷的同时，还能减少纸质文件在运输过程中消耗的能源。我自己做饭，自己修电器，尽情享受DIY的乐趣。商场食品区内，随处可见印有绿色食品标签的蔬果、粮食；家电区中，无氟冰箱、超静音空调、低辐射电视机占据一方天地；家居卖场里，环保涂料等绿色建材吸引了大批人前来购买。假日里，我会骑上单车远离都市喧嚣，去市郊或乡下田间做一深呼吸……"

除了低碳达人，倡导理性消费的新节俭主义的"NONO"族、"虾米族"以及"乐活族"实际上都是地球

"虾米族"

环保进行时丛书 HUANBAO JINXING SHI CONGSHU

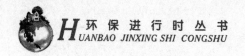

村低碳族的亲密族友。

"NONO"族之称来源于加拿大记者克莱恩的畅销书《拒绝名牌》，书中揭示了当今世界疯狂的消费状况以及人类在日常生活中所受到的品牌及其广告的骚扰和欺诈，它为身处高消费社会的西方人敲响了警钟。通过对名牌崇拜说"NO"，对奢华铺张说"NO"，倡导一种都市中的理性消费和简约生活。

当下颇为时尚的"虾米族"，"不啃老、不月光、将小日子过出大滋味"是他们的信条。"虾米"们经常在网络上的家——"虾窝"里交流小户型怎样装修出大空间、哪些服饰品牌有折扣、有哪些新型经济型轿车推出等信息。他们动脑筋、拼创意，花好每一分钱，无论衣食住行都追求环保、自然和精致。

还有国际流行的"乐活族"，乐活意为健康可持续的生活方式。"乐活族"认为：健康，不只对自己，也对旁人。永续，不只对自己，也对地球。所以我们吃得健康、穿得简单、关心世人、热爱自然、追求身心成长、减少浪费及污染。我们相信，若能启发更多人过乐活生活，小区会变得更快乐，世界会变得更美好。我们的生命只有六七十年，但地球的生命无限。鼓励自己和下一代乐活，是我们参与地球未来的唯一方法。

三、"恒温"消费

几乎所有的消费都意味着碳排放的增加，恒温消费是对消费碳排放的直接扼制，目标是使消费过程中温室气体排放量达到最低。恒温消费是对我们燥热的非理性消费降温，更是为正在"溶化"的地球降温。

在"绿色革命"的浪潮下，针对人们的"恒温"消费需求，绿色商品大量涌现。绿色服装、绿色用品在很多国家已很风行。瑞士早在1994年就推出了环保服装，西班牙时装设计中心早就推出了生态时装，美国早已有绿色电脑，法国早已开发出环保电视机。绿色家具、生态化的化妆品也走入了世界市场；各种绿色汽车正在驶入高速公路；使用木料或新的生态建筑材料建成的绿色住房也已出现。总之，绿色恒温消费已渗透到人们消费的各个领域，在生活消费中越来越占据重要的地位。

从消费者角度来看，恒温消费离我们也并不远。选择节能空调，少用冷气多吹风扇；使用节能灯泡，取代钨丝灯泡，节能约60%；尽量选用公共交通工具；开车选择低碳环保的新型燃料，降低汽车尾气排放；采用电子购物，从而限制实际购物的温室气体排放；采购中空玻璃，不仅把热浪、寒潮挡在外面，还能隔绝噪音，降低能耗。

节能空调

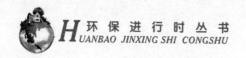
发
展
经
济
注
重
环
保

据有关民意测验统计，77%的美国人表示，企业和产品的绿色形象会影响他们的购买欲望；94%的德国消费者在超市购物时，会考虑环保问题；瑞典85%的消费者愿意为环境清洁而付较高的价格；加拿大80%的消费者宁愿多付10%的钱购买对环境有益的产品。日本消费者更胜一筹，对普通的饮用水和空气都以"绿色"为选择标准。

1.低碳的习惯

作为"恒温"消费者，在购买、选择消费品时不仅要从商品的性能、价格等"现实"方面做出考量，而且更要从低碳经济、环境保护等方面进行衡量，要更多地去选择低碳型消费品。养成低碳消费的习惯就在举手投足之间，下面给出一些小建议。

您可以加入绿色出行的行列，降低交通能耗。即多选择公共交通，减少私家车使用；短距离优先考虑自行车或步行；尽量选用低排量、低污染、清洁环保型的机动车；多考虑结伴同行或"拼车"。

您应在日常生活中留心节能降耗，减少居住能耗（主要包括住宅的照明、生活热水、采暖、家电使用等方面）在日常生活消费的细节上留意节能降耗，这是消费者身体力行低碳消费最切实的途径。从节电、节油、节气等点滴做起，减少日常生活消费中的能量耗用；减少使用一次性用品，节约资源，减少垃圾等。除此而外，吃饭、穿衣的能源消费也不可小觑。

您要做到适度休闲，降低休闲能耗。这指的是人们在剧场、商场、健身房等非工作场所进行各种休闲娱乐活动时消耗的能源。不进行以高耗能、高碳排为代价的"面子消费"、"奢侈消费"，不买过大的房子和豪华轿车，减低二氧化碳排放。

您还可以积极参与碳中和行动，实现排放抵消。所谓"碳中和"就是先计算二氧化碳的排放总量，然后通过植树等方式把这些排放量吸收掉，以达到环保的目的。消费者可以用积极参与植树活动或支持环保事业的方式来抵消消费中排放的部分二氧化碳；可以选择购买含有碳信用额度的商品和服务，以实现碳中和的目标。

2.零碳婚礼

2009年4月，日本一对新人结婚，两位新人热心于环保，从车站到婚礼现场使用人力出租车运送宾客，婚宴也尽可能办得绿色环保，连送给客人的答谢品都是用天然材料生产的毛巾。美中不足的是，整个婚礼还是排放了约两吨二氧化碳，于是两位新人向从事碳中和业务的中介机构支付了约80美元，用于支援发展中国家减排二氧化碳，算是举办了一个零碳婚礼。

在中国城市，低碳婚礼也成为一种流行。成都的一对"80后"新人通过一场极具环保理念的婚礼来倡导低碳生活。在这场婚礼上，没有豪华的婚车，也没有请婚庆公司。一身正装的新郎骑着单车，载着美丽的新娘，笑容灿烂，歌声悠扬，骑车到婚宴现场。两人还种下了绿色的小树苗，共同见证环保爱情。就连亲戚们也选择用公交车赴宴。这场低碳婚礼共花费了1万多元，不仅减轻了经济负担，还减少了二氧化碳的排放和交通压力。

3.时尚骑行族

T字形路口，铺设着卵石路面，以强烈的反差提醒司机在拐弯时注意骑车者；那些骑车者一不小心就容易撞上的栏杆和路障被拆除了；在有台阶的地方，旁边都会有专供自行车上坡下坡、上面铺有减速金属条的斜坡；商场外都设有自行车停放处，甚至占地面积比机动车停车位还要大……丹麦哥本哈根是名副其实的自行车之都，那里的大街小巷都能看到悠闲自在的骑车人——包括丹麦首相拉斯穆森等高官。每天，有60多万哥本哈根市民骑车出行，总里程约120万千米，相当于在地球和月球之间来回了近两次。据估算，哥本哈根市民每年的骑车里程，如果是汽车完成的，每年将要多排放10万吨以上的二氧化碳。

自行车的价值曲线几经周折，终于在低碳时代又重新与流行和时尚找到了交集。自行车的全面复兴让全球的骑行族都为之雀跃欢呼。

骑行族

四、经济消费

经济消费，即在满足需求的前提下，在实现一定的消费效果的过程中对资源和能源的消耗量最小。经济消费与建设节约型和环境友好型的人类社会密切相关。经济消费不仅仅是指省钱，它更体现消费者对资源的重视，特别是对我们所处的自然环境的保护。

经济消费具体包括三个层次：第一，物质消费上注重节约资源。经济的实质是资源和能源的节约，所谓经济归根到底就是节约资源，主要是在满足人们生存需要和提高生活质量的物质消费上减少资源浪费，避免奢侈性消费。第二，在物质消费不减少的前提下，增加服务消费的比重，以形成资源节约型的消费品组合和层次。例如，发展汽车租赁业务和大力发展城市公共交通，就可以减少私车拥有的数量。同时，在进行享受性服务消费和发展性服务消费时注重可持续性。第三，消费方式应是经济节约型的。经济节约型消费结构是一个相对的概念，要根据当时社会经济文化发展的具体情况来判定，依据效用目标以及经济发展水平和资源状况，对消费支出投向进行合理的配置，使消费结构与资源供给结构相适应。

1.聪明地花钱

经济消费不拒绝消费但拒绝浪费，它不是要消费者都勒紧裤腰带省钱，而是用头脑选择更聪明、更好的方式花钱。首先，消费者要做好预算，适度消费。适度消费不等于抑制消费，而是指消费支出要与自己的收入相适应，考虑自己的经济承受能力，反对超前消费。其次，要避免非理性的消费。一个经济消费者应尽量避免情绪化购物，购物时保持冷静，选择适合自己需要的，要购买物有所值、经济实用的物品。最后，不进行盲目攀比，不浪费金钱。永远不盲目随大流，别人买的不一定适合自己。

地球的资源及其污染容量是有限的，必须把消费方式限制在生态环境可以承受的范围内。因此，必须节制消费，以降低消耗，减少废料的排放以减少污染。在不压抑自身必要消费需求的前提下，摒弃无谓的铺张浪费，扔掉多余的部分，理智消费、适当消费。

2. 节约生活

看完电视立刻关闭电源，而不是把它搁置在待机状态。电视机在待机状态下耗电一般为其开机功率的10%左右。

家用空调温度不宜太高和太低，将空调设定温度比自己习惯的提高1摄氏度，人体几乎觉察不到温度的差别，但可节省电耗7%～8%。

使用节能灯。节能灯比白炽灯节电，在同样亮度下，节能灯比白炽灯节约用电80%，而且寿命更长。

出去逛街或购物多骑自行车，多乘公交车，少打的。

多乘公交车

只听音乐时，可以把电脑显示器关掉，使用休眠功能。

电热水器改成太阳能热水器，省电且环保。

让旧衣服循环起来，新衣服永远少一件。因为每一件新衣的背后都代表着能量和资源的消耗。

3.都市租客

茶几上摆着租来的夏威夷竹，身边放着租来的路易·威登皮包，手中翻阅着租来的时尚杂志。这还不够，手中还牵着租来的小狗，住在租来的公寓中，开着租来的POLO轿车……以上种种都是都市

都市租客

"租客"的真实生活写照。"不求一生所有，只求曾经拥有"，"时尚节约两不误"，"租客"正成为一股新的时尚势力渗入都市生活。

从事平面设计工作的张小姐喜欢宠物狗，但由于平时工作忙，无暇饲养。到宠物市场一打听，没想到自己心仪的宠物狗也能出租。于是，张小姐租下了一条苏格兰牧羊犬，每个周末领回家，平时则完全不用操心。

与租宠物一样，租皮包也正在成为一种新风尚，而且受到不少年轻女性的青睐。花钱不多，还可以经常换花样，无论外出郊游或是参加晚宴，都能轻轻松松挑选到合适的皮包。相比之下，一些"男租客"则更倾向于租用旅行箱。

发
展
经
济
注
重
环
保

"租绿"则颇受植物喜爱者的欢迎。已过而立之年的秦女士喜欢栽花种草，可由于经常出差，家中的名贵花草无人照料，常常枯萎。当听说一家花卉公司推出了面向普通家庭的出租花木业务后，秦女士立即前往咨询。没过多久，租花公司便将一盆君子兰、一盆金橘树送上了门，并答应根据季节定期更换。

🌏 五、安全消费

安全消费要求消费结果对消费主体和人类生存环境的健康危害最小。具体而言，安全消费是指在消费过程中，不管是对何种类别消费品的消费，都应该选择既不危害环境又不损害后代的产品和服务的理性消费方式。使自然资源和有毒材料的使用量最少，使服务和产品的生命周期中所产生的废物和污染物最少，从而不危及后代的需求。

在影响消费的诸多因素中，最为重要的莫过于安全与和谐两大方面。消费者的安全权是最基本的权利，而和谐则关系到消费的更高境界，它不仅是提高生活质量的需要，也是能否实现可持续消费的需要，和谐的核心实质上就是发展问题。在消费领域，如何解决人与社会、人与自然之间的矛盾，这是未来人类社会必须面对的问题。而要解决这些矛盾，节约资源，珍爱环境，构建一个安全放心的消费环境是必然趋势。

人类的消费活动在满足需求、产生便利的同时，也存在危害消费者健康和生产环境的安全隐患。世界各国市场上，假冒伪劣产品仍然存在，损害消费者权益的行为仍然屡见不鲜。在此同时，自然生态环境恶化带给消费者人身健康损害问题以及各种环境自然灾害，已经让消费者感受到了切肤之痛。随着长期积累的环境危机逐步呈现，人类的身体健康和生存环境受到极大的威胁。无论是对消费者还是生产厂家而言，安全消费迫在眉睫，这是保护生态环境、节约资源、维护消费者利益的长远之道。安全消费一方面要求管理者营造安全放心的消费环境，保护消费者的安全权利；另一方面也要求消费者自觉倡导健康、文明的消费方式，节约资源；人与自然和谐相处，消费保护环境。

1.白色污染

随着科学技术的进步和经济发展，人民生活水平不断提高，塑料制品的用量与日俱增。塑料制品的大量使用，大大地改善了人们的生活质量，方便了居民的日常生活，在快节奏的时代提高了工作效率。但是，这些塑料制品，尤其是大量的废旧薄膜、包装用塑料袋和一次性塑料餐具，使用后被抛弃在环境中，给景观和生态带来了很大破坏。由于废塑料制品大多是白色的，因此废塑料对环境的污染被称为"白色污染"。

节约一滴水

增添一抹绿

倡导节约宣传画

白色污染不仅会造成"视觉污染"，破坏市容、景观，影响城市、风景点的整体美感，而且存在着巨大的潜在危害。一是用它装食品危害人体健康；二是在制作过程中产生的有害气体破坏臭氧层；三是它不易降解，会造成严重的环境污染。如果将其填埋，由于其化学性能稳定，自然降解需用100~200年的时间，会长时间占有土地。

针对白色污染，人类已积极采取相关措施并取得有用的效果。国外一些国家还建立起了一套严密的分类回收系统，大部分废旧塑料包装物被回收利用，少部分转化为能源或以其他方式无害化处置，从而基本消除了废旧塑料包装物的潜在危害。

2.安全认证

安全认证由可以充分信任的第三方证实某一经鉴定的产品或服务符合特定安全标准或规范性文件。消费者通过这些安全认证标志，可以有效地控制消费风险，达到安全消费。下面是几个常见的安全认证。

产品认证申请程序示意图

```
申请人提供有关资料并填写初步申请表
            ↓
   申请人确认认证费用报价
            ↓
    申请人签署正式申请表
            ↓
   申请人办理正式申请手续
            ↓
      申请人送样受检
                          不合格
   合格        申请人接受复检通知
            ↓
申请人的生产厂家接受检查  申请人确认检验报告
            ↓
   申请人接受临时认可证书
            ↓
   申请人获得正式认可证书
```

CSA认证流程

FCC认证：FCC通过控制无线电广播、电视、电信、卫星和电缆来协调国内和国际的通信。

CSA认证：为机械、建材、电器、电脑设备、办公设备、环保、医疗防火安全、运动及娱乐等方面的所有类型的产品提供安全认证。

UL认证：采用科学的

发展经济注重环保

测试方法来研究确定各种材料、装置、产品、设备等对生命、财产有无危害和危害的程度；确定、编写相应的标准和有助于减少及防止造成生命财产受到损失的资料，同时开展实情调研业务。其最终目的是让市场得到具有相当安全水准的商品，为人身健康和财产安全得到保证做出贡献。

GS认证：以德国产品安全法为依据，按照欧盟统一标准EN或德国工业标准DIN进行检测的一种自愿性认证，是欧洲市场公认的德国安全认证标志。

CCC认证：中国国家监督检验检疫总局和国家认证认可监督管理委员会于2001年12月3日一起对外发布了《强制性产品认证管理规定》，对列入目录的19类132种产品实行"统一目录，统一标准与评定程序，统一标志和统一收费"的强制性认证管理。将原来的CCIB认证和"长城CCEE认证"统一为"中国强制认证"，其英文缩写为CCC，故又简称"3C"认证。

QS认证："质量安全"的英文缩写，带有QS标志的产品就代表着其达到了质量安全标准。所有的食品生产企业必须经过强制性的检验，质量合格且在最小销售单元的食品包装上标注食品生产许可证编号并加印食品质量安全市场准入标志后才能出厂销售。没有食品质量安全市场准入标志的，不得出厂销售。

3.精神消费

安全消费是以保护消费者健康和节约资源为主旨，符合人的健康和环境保护标准的各种消费行为的总称。精神层面的消费者注重培养良好的精神素养和审美情趣，他们的消费不仅关注自身生理的健康，也关注精神的

健康和提升，并延伸到与每个人密切相关的整个自然生态的安全。

消费者注重精神消费，不是去享受高档奢靡的无形商品，而是要在消费中感受自然，在消费中保持绿色健康的心灵。在消费过程中多参加公益活动，多宣传绿色环保的理念，用心去呵护自然，让自然指导我们的消费。从物质与精神的协调到人类与自然的和谐，这是未来新消费的主流方向。

六、绿色包装

绿色包装又可以称为无公害包装和环境之友包装，指对生态环境和人类健康无害，能重复使用和再生，符合可持续发展的包装。从技术角度讲，绿色包装是指以天然植物和有关矿物质为原料研制成对生态环境和人类健康无害，有利于回收利用、易于降解、可持续发展的一种环保型包装，也就是说，包装产品从原料选择、产品的制造到使用和废弃的整个生命周期均应符合生态环境保护的要求。它的理念有两个方面的含义：一个是保护环境，另一个就是节约资源。

绿色包装

左侧竖排：发展经济注重环保

包装绿色化可以减轻环境污染，保持生态平衡。包装若大量采用不能降解的塑料，将会形成永久性的垃圾，塑料垃圾燃烧会产生大量有害气体，包括产生容易致癌的芳香烃类物质；包装若大量采用木材，则会破坏生态平衡，因此使用绿色包装能够保护环境和维持生态平衡。

1.4R1D原则

绿色包装是指有利于保护人类健康和生态环境的商品包装，遵循"4R1D"的原则。一是实行包装减量化。包装在满足保护、方便、销售等功能的条件下，尽量减少包装材料的使用。二是包装应易于重复利用。包装在完成某项使用功能后，经过适当处理，能够重复使用。三是易于回收再生。通过生产再生制品、焚烧利用热能、堆肥化改善土壤等措施，达到再利用的目的。四是能再装罐使用。罐、瓶等包装物在回收之后，可以再装罐使用。五是包装废弃物可以降解腐化，使之最终不形成永久性垃圾，进而达到改良土壤的目的。

2.新奇包装

德国发明了一种用淀粉做的、遇到流质不溶化的包装杯，可以盛装奶制品。这项发明为德国节省了40亿只塑料瓶，其废弃后也容易分解掉。美国研究出一种以淀粉和合

淀粉和合成纤维制成的塑料袋

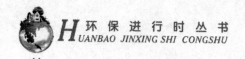

成纤维为原料的塑料袋，它可在大自然中分解成水和二氧化碳。

武汉市的科研人员研制成一种新型的内包装材料——可食性包装膜。该产品是由苕干、土豆、碎米等原料经发酵转化成多糖，然后将多糖流延成薄膜。该膜是由葡萄糖连接而成的高分子物质，具有可食性、可降解性，它无色透明，隔氧性好。作为食品包装膜，其直角撕裂强度、机械强度透光性等均可达到塑料包装优等膜标准。该膜制成袋后，装奶粉和色拉油不漏粉不漏油，可以与奶粉共溶于水一起食用。

3.标志缀绿包装

1975年，世界第一个绿色包装的"绿色"标志在德国问世。世界第一个绿色包装的"绿点"标志是由绿色箭头和白色箭头组成的圆形图案，上方文字由德文DERGRNEPONKT组成，意为"绿点"。绿点的双色箭头表示产品或包装是绿色的，可以回收使用，符合生态平衡、环境保护的要求。

1977年，德国政府又推出"蓝天使"绿色环保标志，授予具有绿色环保特性的产品，包括包装。"蓝天使"标志由内环和外环构成，内环是由联合国的桂冠组成的蓝色花环，中间是蓝色小天使双臂拥抱地球状图案，表示人们拥抱地球之意；外环上方为德文循环标志，外环下方则为德国产品类别的名字。

德国使用环境标志后，许多国家也先后开始使用产品包装的环境标志。如加拿大的"枫叶标志"，日本的"爱护地球"，美国的"自然友好"和证书制度，中国的"环境标志"，欧共体的"欧洲之花"，丹麦、芬兰、瑞典、挪威等北欧诸国的"白天鹅"，新加坡的"绿色标志"，新西兰的"环境选择"，葡萄牙的"生态产品"等。

七、循环回收利用

人们形象地把低碳消费概括为"5R"。

Reduce——资源有限，节约每一份可用资源。

Reevaluate——环保选购，让钞票变选票。

Reuse——重复使用，多次利用。

Recycle——分类、循环，重拾废品回收的老传统。

Rescue——保护自然就是保护我们自己。

从这5R中我们可以看出，低碳消费的核心就是可持续消费观，体现在消费者的具体消费行为中，对消费品的分类回收、循环重复利用非常重要。

为了节约资源和减少污染，消费中应当多使用耐用品，提倡对物品进行多次利用。但循环回收利用的消费方式也不仅仅局限于重复使用某件产品，它更是将废品变为可再利用材料的过程。这类废品主要包括废电池、废旧轮胎、电子垃圾、建筑垃圾、塑料用品和各种再生资源的回收利用等。

1.拒绝"一次性"制品

20世纪80年代以来，一次性用品风靡一时，什么一次性筷子、一次性包装袋、一次性牙刷、一次性餐具等。一次性用品给人们带来了短暂的便

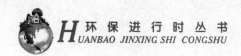
利，却让生态环境付出了高昂的代价。一次性塑料袋的滥用带来白色污染蔓延，一次性筷子的使用致使片片森林惨遭"屠戮"，一次性口杯的风行造成能源的极大浪费……

在发达国家，曾风靡一时的"一次性使用"风潮正在成为历史。许多人出门自备可重复使用的购物袋，以拒绝滥用不可降解的塑料制品；许多大旅店已不再提供一次性牙刷，以鼓励客人自备牙刷用以减少一次性使用给环境造成的灾难。在拒绝一次性使用的同时，倡导消费品回收循环利用，是人类走向低碳消费的重要途径。

2.变废为宝

人类每天都在制造垃圾，随着城市规模的扩大，垃圾产生的数量也越来越多，垃圾处理的任务也越来越重。现有的办法是拉去填埋，但这种方法占用土地、污染环境，不是长久之策。而将消费垃圾分类，循环回收利用，则可以变废为宝，既减少环境污染，又增加了经济资源，是一举两得的好方法。

消费品的循环回收利用在发达国家已经成为一种潮流和趋势，循环消费的观念深入人心。在瑞典，回收公司发给每户的宣传单上写着："你给我们1吨废纸，我们就少砍14棵树。"大家都愿意每月定期把旧纸张放在家门口，超过89%的人把他们的废旧玻璃送交回收站。

美国的登山装备公司Pantagonia回收任何一种品牌的旧衣物，将纤维溶解后再制成新衣。该公司称，用回收纤维做成的衣物比用新的纤维制造的衣物省能76%，同时可以降低71%的二氧化碳排放量。支持节约资源的公司等于间接减少地球资源的浪费，保护我们的环境。

发展经济注重环保

循环消费要靠每个消费者的自觉行动，这是一种新的生活方式，一种新的价值观和美德。当你认为某件物品没有使用价值，想扔掉时，请想想它对别人是否还有使用价值。如果有，就让其再被消费一次，直到它可能对任何人都没有价值，才将其视为废弃物。

3.新的生活

整个人类的发展史就是放弃粗放落后的经济增长方式，寻求更合理、更节约、更和谐，也更符合生态文明的发展方式。节俭是一种美德，人类需要继承一些好传统，唤醒内心与自然的联系，过全新的低碳消费生活。

为自己创造一个和谐、洁净的生存环境，要从消费开始做起。主动选购环保产品，对物品重复使用，减少用后即扔的包装物，自觉进行垃圾分类回收，逐步放弃传统的消费观念和生活习惯。如果消费者形成了低碳消费的生活方式，就会使那些与低碳经济背道而驰的产品失去消费者；产品没有市场，企业自然会转向绿色生产，最终形成低碳消费市场。

鼓励资源循环消费